高层建筑与都市人居环境
Tall Buildings and Urban Habitat 09

墨西哥城改革大厦

主编单位
世界高层建筑与都市人居学会（CTBUH）
同济大学出版社
TONGJI UNIVERSITY PRESS

U0274429

《高层建筑与都市人居环境》09

本辑内容基于英文版 *CTBUH Journal*
2017 年第 1 期。*CTBUH Journal* 是世
界高层建筑与都市人居学会编辑出版
的季度期刊

主编单位：世界高层建筑与都市人居学会（CTBUH）
协编单位：同济大学

主编
Daniel Safarik, CTBUH
dsafarik@ctbuh.org

副主编
Antony Wood, CTBUH/ 伊利诺伊理工大学 / 同济大学
awood@ctbuh.org
Steven Henry，CTBUH
shenry@ctbuh.org
Peng Du（杜鹏），CTBUH/ 伊利诺伊理工大学
pdu@ctbuh.org

CTBUH 中国办公室理事会
顾建平，上海中心大厦建设发展有限公司
李炳基，仲量联行
吴长福，同济大学
曾伟明，深圳平安金融中心建设发展有限公司
张俊杰，华东建筑设计研究总院
庄葵，恒地国际
Murilo Bonilha，联合技术研究中心（中国）
David Malott，CTBUH / KPF 建筑事务所
Antony Wood，CTBUH / 伊利诺伊理工大学 / 同济大学

CTBUH 专家同行审查委员会
所有出版在本辑中的论文都会经过国际专家委员会的同行审查。
此委员会由 CTBUH 会员中多学科背景的专家组成，了解更多信
息请访问：www.ctbuh.org/PeerReview.

翻译统筹：译言网（www.yeeyan.org）
负 责 人：郭晶晶 王瑞珂
翻　　译：柳 娟 王瑞珂 陆晟琦 苏 阳 黄 莹

版权
© 2017 世界高层建筑与都市人居学会（CTBUH）和同济大学
出版社保留所有权利。未经出版商书面同意，不得以任何形式，
包括但不限于电子或实体对本出版物任何内容进行复制及转载。

封面图片：墨西哥城改革大厦 © Alfonso Merchand
封底图片：墨西哥城改革大厦玻璃外墙和空中礼堂
© LBR&A 建筑事务所

图书在版编目（CIP）数据
高层建筑与都市人居环境 . 09, 墨西哥城改革大厦 / 世界高层建
筑与都市人居学会主编 . —上海：同济大学出版社，2017.3
ISBN 978-7-5608-6788-5

I.①高…Ⅱ.①世…Ⅲ.①高层建筑 – 建筑设计 – 研究
Ⅳ.① TU972
中国版本图书馆 CIP 数据核字（2017）第 046888 号

出版、发行
同济大学出版社（www.tongjipress.com.cn）
地址：上海市四平路 1239 号 邮编：200092
电话：021-65985622

发行总代理
上海贝图建筑书店
联系人：王占磊
电话：(021) 55570301
QQ：1216626548

广告总代理
同济大学《时代建筑》杂志编辑部
联系人：顾金华
电话：(021) 65793325, 13321801293

出 品 人：华春荣
责 任 编 辑：胡 毅
责 任 校 对：徐春莲
装 帧 设 计：完 颖
装 帧 制 作：嵇海丰

经销：全国各地新华书店、建筑书店
印刷：上海安兴汇东纸业有限公司
开本：889mm×1194mm 1/16
印张：4
字数：128 000
版次：2017 年 3 月第 1 版第 1 次印刷
书号：ISBN 978-7-5608-6788-5
定价：39.00 元

前 言

毫无疑问，2016 年对学会来说意义非凡，不仅仅因为建筑业取得了惊人的成就，还因为学会总部乔迁至芝加哥市中心。就我个人而言，今年是我来到芝加哥、担任 CTBUH 执行理事长的第十年。2016 年 11 月的颁奖活动上，许多 CTBUH 前任及现任主席送了我一本精致的手工装订纪念册作为礼物，来自世界各地的无数 CTBUH 会员与同事还为我写下了许多个人寄语，我想这些都代表着我十年以来的工作得到了各位的认可，真的很荣幸也很惊喜。在此我发自内心地感谢所有人！

此外，最近我还得知自己入选了《工程新闻记录》2016 年 25 大新闻人物，如此嘉奖着实令我既惊喜又惭愧。而这些荣耀都是对学会过去十年傲人成绩的肯定。2006 年我来到芝加哥的时候，学会刚刚从宾夕法尼亚州的里海大学搬出来，确切地说是，当时我们唯一的职员——了不起的 Geri Kery 将学会从宾夕法尼亚州伯利恒市的卧室里搬出来。

十年后的今天，我们已经在世界各地建立了 4 个办公室，拥有 32 名全职员工，工作涉及方方面面——科研、出版、会议、奖项，每年有 80 多个分部活动以及无数的活动委员会和工作小组，这一切都足以让学会创立者 Lynn Beedle 先生骄傲。与此同时，学会成员比那时增长了 5 倍。的确，这十年对于学会来说着实意义非凡。

不过，曾经的荣耀都已慢慢变成往事，随着我们逐渐迈向 2017 年，迈向更远的未来，尤其是在 2019 年要迎接学会的 50 岁诞辰，我们要为以后做出更宏大的计划。而眼前的计划中，最振奋人心的

CTBUH 2016 颁奖典礼上，历任主席与安东尼·伍德一起庆祝其十年来的工作成就

恐怕是 2017 年预计在澳大利亚悉尼举行的年度大会了。作为一个无比美妙的城市，悉尼的高层建筑建设体量在整个澳大利亚都令人瞩目，因此 10 月在此举办的会议将对南半球的学会成员们意义重大，该会议的主题是："城市互联：人口、密度与基础设施"（Connecting the City:People, Density & Infrastructure），更多信息请访问：www.ctbuh2017.com。

感谢各位对学会的支持！

Antony Wood

安东尼·伍德博士，世界高层建筑与都市人居学会执行理事长

目录

发展前沿

案例分析

学术研究

专题

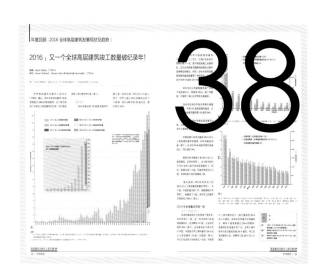

走进 CTBUH

一个城市的绝对经济利润流越大，就会有更多资本和劳动力来产生这些利润。换句话说，楼层空间总量，特别是摩天大楼的楼层空间总量，是根据城市 GDP 来调整的。

Richard Barkham 等，见 22 页

欢迎阅读《高层建筑与都市人居环境》第09辑暨2017年第1辑。按照惯例，我们先来看看2016年高层建筑方面的情况，分析工作中的"力量"，激励我们在新一年砥砺前行。

毫不夸张地说，2016年是破纪录的一年，无论对于高层建筑界还是CTBUH。正如您将在我们"全球高层建筑数据年度回顾"（见第38页）中看到的，2016年，200 m以上高层建筑的施工数量达到了前所未有的程度。第一次，100座世界最高建筑名单上每一座都是超高层建筑（300 m以上）。最令人吃惊的数据来自中国深圳，在这里，一年建成了11座200 m以上高层建筑，在世界上所有城市中首屈一指。CTBUH最宏大的会议"从城市到巨型城市"5天走遍三城，在珠江三角洲举行再合适不过了。您可以阅读第52页的报告。

当然，2016年的成绩不只是规模和数量，更多的是质量。这在2016年度CTBUH世界最佳高层建筑奖项名单（见第56页）中能明显看到，创新是许多项目的关键主题。事实上，我们觉得有这么多高质量的参选作品，只提及获奖作品并不够，因此我们对一些项目进行了案例研究（见第12页），还发表了相关论文（见第26页），如北美最佳高层建筑入围者"墨西哥城改革大厦"和欧洲地区最佳高层建筑入围者"米兰安联大厦"。从这两座大楼中，我们可以看到结构设计创新和创造优雅建筑的新水平，其设计坦诚地表达了人类创造力和自然力之间的比拼。

同样，另一份努力2016年也陆续开花结果。CTBUH工作更进一步，出版了一些科研成果。与陈建邦的访谈"论·高层建筑"突出了我们工作中"城市人居"的部分（见第48页），他代表武汉天地项目赢得2016城市人居奖，该项目巧妙地结合了人口规模、传统建筑和商业高楼。

在"专家观点"（见第51页）章节中，我们对自然力进行了充分利用，探索了追求自然通风与高层建筑气动性能之间的冲突。

当然，我们建造的原因、使用的手段以及最终拔地而起的形状同样受经济和监管力量影响，其重要性无异于物理因素。在"直上云霄"文章（见第20页）中，研究人员探讨了城市与全球经济以及摩天大楼中办公空间的体积、密度的联系。同时，"利用'隐藏'的线索设计'地标'建筑"文章（见第32页）探讨了金融、文化和监管权力在中国三座城市的大型城市中心设计中所扮演的角色，以及建筑/规划团队如何努力解决这些问题。在"辩·高层建筑"（见第5页）中，墨尔本的社区空气监管与发展机构理智地对提升城市天际线的最新提议发表了意见。

也许这一切关于"力量"的讨论是一个机遇，促使人们思考高层建筑界在塑造世界中扮演的重大角色。大国应该承担更大的责任，令人振奋的是，越来越多的项目（和人）不仅仅做到了万众瞩目，还更多地彰显着善待地球（和人类自己）的理念。也许我过于受到最新《星球大战》电影的影响——这现在似乎成了一年一度的事件，但我依然想要真诚地对大家说：新的一年里，愿"力量"与你们同在！

祝好！

丹尼尔·萨法里克，CTBUH主编

新加入的企业会员 — CTBUH很荣幸地欢迎以下在2016年9月至2017年1月期间新加入的企业会员以及升级的会员：

赞助会员

POHL Group，科隆

高级会员

M/S Vasavi Homes Pvt. Ltd.，海得拉巴

Peckar & Abramson，纽约

中级会员

Civil & Structural Engineering Consultants，科伦坡

CRICURSA，巴塞罗那

HITACHI
Inspire the Next
Hitachi, Ltd., Hitachinaka

PROF. QUICK UND KOLLEGEN INGENIEURE UND GEOLOGEN GMBH
Prof. Quick und Kollegen，达姆施塔特

RADIUS
Radius Developer，孟买

RAMSA
Robert A.M. Stern Architects，纽约

savills 第一太平戴维斯
第一太平戴维斯物业顾问有限公司，广州

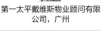
setec tpi
SETEC TPI，巴黎

普通会员

AccessAdvisors
Access Advisors Ltd.，香港

BAC ENGINEERING CONSULTANCY GROUP
BAC Engineering Consultancy Group SL，巴塞罗那

亚特兰大市

Evergreen Consulting Engineering, Inc
Everglory Structural Engineer & Partners
永峻工程顾问股份有限公司，台北

FMS
Fisher Marantz Stone，纽约

HEARST
HEARST，纽约

JM **Jakarta Land**
PT. Jakarta Land，雅加达

LIFTINSTITUUT
SOLUTIONS
LiftInstituut Solutions，阿姆斯特丹

Lindner
Lindner Fassaden GmbH，阿恩斯托夫

PKT &K
Perunding Kos T & K Sdn Bhd，吉隆坡

SPB SELANGOR PROPERTIES BERHAD
Selangor Properties Bhd.，吉隆坡

SMTS
INDUSTRIAL AND CIVIL CONSTRUCTION SERVICES
SMTS LLC，巴库

Speedy Expediting Inc.
纽约

WARREN AND MAHONEY®
Warren and Mahoney，悉尼

LPA
Lighting Planners Associates
Lighting Planners Associated Inc.，东京

学术机构与媒体

ansal University Gurgaon
Ansal University，古尔冈

《建筑创作》，北京

墨尔本的新高层建筑准则是否过于严格？

在澳大利亚墨尔本，高层建筑市场十分活跃。但当地新修订的规划对高层建筑退线作出了限制，并且在中心商务区引入了容积率要求。对此，争论的各方提出："墨尔本的新高层建筑准则是否过于严格？"

反对

Larry Parsons

维多利亚州，环境、土地、水资源和规划部，发展审批和城市设计主任

过去 30 年间，墨尔本未曾对市中心建设控制进行过全面审查。在此期间，环境发生了很大变化，尤其是最近 5 年，高层建筑有了飞跃式增长。墨尔本市中心现有 9 座超过 200 m 的高层建筑，最高达到 297 m。另外有 24 座已获批准或建设中的高层建筑，其高度普遍超过 200 m，这些高层建筑建成后将会对市中心产生很大影响。这些新建建筑的容积率平均为 35:1，有的甚至超过 50:1。新出台的规划管制旨在规范这种转变，不过对适当地点高层建筑的总高度没有任何具体限制。

墨尔本市中心的街道核心网络历史悠久，但是规划控制将霍德尔路网（Hoddle Grid）的 63% 和毗邻的南岸区作为总体发展规划区，在这些区域内对高层建筑进行总体规划。这些区域内，对建筑高度的唯一规定是航空限制，高度不能超过 300 m。新规划管制主要集中在容积率上，要求设计师在设计时权衡好建筑体积和高度，鼓励设计师采取灵活的设计手法，同时也要满足基本要求，比如沿街墙的高度和建筑退线。

高层建筑退线从基地界限算起必须达到 5 m 或者总建筑高度的 6%，以保护相邻建筑和公共空间使用者的舒适性。但是该规定也允许建筑师根据建筑的形状和位置来证明其设计的建筑容积率是合理的，以适应现场环境并避免建筑过于密集。

从澳大利亚国家标准和国际标准来看，即使所涉及的总建筑面积包括所有楼层面积，新基准所规定的 18:1 容积率也相对宽松。而且，"楼层面积增加"条款注明，只要其他控制条款能够满足，比如符合建筑退线且提供相应的公共利益，那么允许建设额外的楼层面积。这里所指的"提供公共利益"显然需要一些花费，可以包括适度的公共空间、经济适用房屋或是在政府战略上支持的用途，尤其是办公空间。

总而言之，新措施保护并强化了公共领域，不仅助力调控了充满活力的墨尔本高层建筑市场，同时给予建筑师一定的灵活性，可根据不同场地进行相应的设计。

免责声明：本文仅代表作者观点，与州政府无关。

支持

Danni Addison

澳大利亚城市发展研究中心（UDIA），维多利亚州主管

过去 20 年里，墨尔本市中心发展迅速，预计未来依旧会保持这种发展势头。但是，与香港、纽约这些过去高速发展的国际化大都市相比，墨尔本目前仍处于起步阶段。

墨尔本中心商务区拥有大约 67 000 名居民，提供超过 314 000 个工作岗位。如果我们想把墨尔本建设成一个真正的国际化大都市，这座城市的建筑形式必须保持灵活，才能适应越来越多的人口。

虽然维多利亚州政府关于围护和改善墨尔本宜居性的计划得到了澳大利亚城市发展研究中心（UDIA）的支持，但我们难免会担心，最近针对开发业的诸多政策过于教条，这些政策毫无疑问会限制创新，降低可供开发的场地数量和可行性，推高房价。

目前我们面临的压力是建筑业和政府如何能跟上前所未有的人口增长。对此，只能通过增加城市房屋存量来应对。新建公寓楼是我们城市住房体系的重要组成部分，这对于墨尔本不断增长和日趋多样的社区需求十分重要。因此，我们需要能提供不同价位的优质公寓楼政策。不应对此监管过于严格，否则会限制场地开发的可行性。

在澳大利亚的一些大城市里，人们越来越关注城市的密度，这是阻碍城市发展的重大议题。我们必须知道，随着人口增长，墨尔本的城市密度上升是不可避免的，如果能妥善解决这个问题，就能避免其恶劣影响。澳大利亚城市发展研究中心看重墨尔本的宜居性，我们也在市中心的建筑形式和公共设施之间寻求一种平衡，向人们提供能够买得起的新住房。因此，澳大利亚城市发展研究中心继续鼓励设计师做出优秀的建筑设计作品而不是教条式建筑。

美洲

汽车制造商阿斯顿·马丁与开发商合作在比斯坎大道（Biscayne Boulevard）上建设的**阿斯顿·马丁公寓**（Aston Martin Residences），从建造前的传闻起，就霸占了**迈阿密**的新闻头条。这座风帆式建筑包括 390 套豪华公寓，共 66 层（图 1）。福斯特建筑事务所宣布将在城市的金融区建立一对彼此相连的摩天大楼，名为 The Towers，规划高度 320 m，建成后不仅会成为迈阿密最高建筑，同时也是该城市第一座超高层塔楼（图 2）。

同时，**纽约市**的**水线广场**（Waterline Square）建筑群也传来消息。该项目位于纽约市快速扩张的西岸地区，其特点是多塔楼发展，它汇集了三家著名的建筑设计公司：Richard Meier & Partners 建筑事务所、KPF 建筑事务所和 Rafael Viñoly 建筑事务所，他们参与了这块区域的开发（图 3）。

在亨利·哈德逊公园大道（Henry Hudson Parkway）的进一步报道中，有消息说，因为住户们担忧特朗普在竞选期间的言论，所以工人们正计划移除**特朗普广场**（Trump Place）建筑群中三座大楼上特朗普的名字，对外将使用所在街道地址，以此表现出中立立场。

在布鲁克林区，租户们开始陆续搬进**迪恩街 461 号**（461 Dean Street）。这座已完工的建筑是世界上体量最大的模块化塔楼。它包括 930 块钢模块，由布鲁克林造船厂制造，而非施工现场制作。该建筑也是占地 9 hm² 的太平洋公园项目中第

一个完工的（图 4）。

美国全国范围内，随着**洛杉矶**市中心密度进一步加大，有几项建造计划正在当地取得进展。建筑师提出建造 8th and Fig Tower。该塔楼位于市中心，有 42 层，包括 436 套公寓，为洛杉矶不断密集的市中心又添一笔（图 5）。项目组的目标是 2020 年实现入住。

此外，由 Gensler 设计的位于**西 222 大道第 2 街**的项目，其开发商近期发布了很多项目信息。目前一座 30 层的悬臂式模块建筑正在建造，它位于一座在建的地铁站上方。这种以交通为导向的建造方式，将有助于改善城市的公共交通。

Gensler 还参与了另一个项目，修建加拿大**魁北克**市最高的塔楼。之前人们对这座**魁北克灯塔**（Le Phare de Québec）提出过很多设想。开发商现在决定建造一座多用途的塔楼，它包含一个带有 750 座多媒体音乐厅的文化空间，另外塔顶还有公共观景台（图 6）。

在**多伦多**，开发商正在努力改造市中心，以便在**卡尔顿街 2 号**（2 Carlton Street）建造 72 层的双子塔。开发商已将一份开发申请提交给市政府，计划沿着繁忙的央街（Yonge Street）开发住宅和零售项目。

亚洲　大洋洲

在澳大利亚，有人提议将由 Fender Katsalidis 建筑事务所和 Cox 建筑事务所联合设计的双子塔楼开发项目建在**墨尔本**

展览街 308 号（308 Exhibition Street），利用城市气候的特点，在综合体裙房上种植绿色植物。另外，还要建设一座弯曲的双层高空连廊将双子塔楼与公共设施连接起来。

几个街区之外，**拉贝托街 383 号**（383 La Trobe Street）的规划许可已获得维多利亚州规划部长的批准。这座塔楼高 242 m，包含 488 个住宅单元（图 7）。虽然这座大楼的容积率超过了城市临时规划中的限值，但是已获批兴建。

墨尔本发展势头迅猛，**悉尼**紧随其后。最近，作为**南巴兰加鲁**（Barangaroo）地区总体规划的一部分，由 Rogers Stirk Harbour 建筑事务所设计的**国际大厦**（International Towers）三座大楼的最后一座已经完工。这三座办公楼的设计宗旨是最大限度地实现可持续发展，已获得澳大利亚绿色建筑委员会最高等级的六星级评价。

而澳大利亚北部的**黄金海岸**（Gold Coast）也不甘示弱，另一座双子塔项目被提上日程，即 Woods Bagot 建筑事务所负责的 Orion Towers。双子塔中较高的建筑有 328 m（图 8），有望成为南半球最高建筑，距离澳大利亚民航安全署规定的高度限制只有短短几米。

另一个高度纪录即将在印度被打破，有消息称印度要在**马图拉**（Mathura）建造一座名为 Vrindavan Chandrodaya

---

> # 如果 2006 年设计的建筑直到 2019 年才竣工，那么它实际上还是归属于 2006 年。

——2016 年 10 月 19 日 CTBUH 大会深圳分会场，特纳建设公司副总裁 Karl Almsted 在"建筑能有多高？为什么要实现这种高度？"座谈会上讲道

图 1　阿斯顿·马丁公寓，迈阿密
　　© G&G Business Development 公司和 Aston Martin 公司
图 2　The Towers，迈阿密
　　© Foster + Partners
图 3　水线广场，纽约
　　© Noë & Associates
图 4　迪恩街 461 号，纽约
　　© SHoP Architects
图 5　8th and Fig Tower，洛杉矶
　　图片由 Johnson Fain 提供
图 6　魁北克灯塔，魁北克市
　　© GroupeDallair/GraphSynergie
图 7　拉贝托街 383 号，墨尔本
　　© Atelier Jean Nouvel，由 Sterling Global 提供
图 8　Orion Towers，黄金海岸
　　© Woods Bagot，由 Orion International Group 提供
图 9　Vrindavan Chandrodaya Mandir，马图拉
　　© InGenious Studio

Mandir 的 70 层建筑（图 9）。建成后，这座印度教寺庙将成为世界上最高的宗教建筑，这一纪录已被梵蒂冈圣彼得大教堂保留了将近 400 年。

随着**深圳**的**汉京中心**的竣工，更多传统记录将被打破。高度 350 m 的塔楼是中国最高的钢结构建筑和世界上最高的核心筒外置的建筑（图 10）。这两种结构形式是相辅相成的，如此的钢结构系统使得核心筒被允许外置。

在**北京**，由 SOM 建筑设计事务所设计的**国际贸易中心三期 B 塔楼**正在施工。在**中国尊**大楼完工前，这座建筑将是北京市第二高的建筑。从最近该建筑的照片上来看，大楼已经封顶，外部施工接近完成（图 11）。

虽然中国在以惊人的速度兴建摩天大楼，但是中国曾经的摩天大楼也在纷纷进行更新改造。这反映在位于**上海**的**高腾大厦**近期的重新定位和装修上（现更名为：腾飞浦汇大厦）。这座大楼建于 1998 年，如今被重新设计，使其具有现代特色和 Loft 风格的办公空间，在密布传统写字楼的区域里独具一格。

当然，上海市仍会继续建设新的项目。最引人注目的是，作为上海**中信泰富老西门住宅项目**的一部分，6 座公寓楼的新建计划已提上日程，这些建筑拥有开阔的花园和景观区，设计参照了中国传统建筑风格，并且鼓励社交互动（图 12）。

在**台北**，**陶朱隐园**的建筑师们正在通过最新发布的现场照片和原始效果图（图 13），来介绍他们设计的这座独特高层建筑的建造进展。这座 21 层塔楼的设计特点是在向上伸展过程中扭转 90°，设计灵感来自 DNA 双螺旋结构。建成后，这座建筑将会呈现旋转造型和垂直绿化景观。

欧洲

近期在**巴黎**竣工的 M6B2 **生物多样性塔楼**（M6B2 Tower of Biodiversity）也正在沿建筑立面种植绿色植物。该塔楼高 50 m，位于城南郊区，采用双表皮设计，外层由不锈钢网构成，便于葡萄藤攀爬（图 14）。长期规划是在建筑周边种植针叶树和橡树林，并实现更传统的高层绿化。

最近完工的另一个建筑在灯光中举行了开幕式。德国汉堡的**易北音乐厅**（Hamburg's Elbphilharmonie）在其正面拼写出"*fertig*"（德语，含义为"完成"）来庆祝完工。它标志着经过近 10 年时间，该市终于建成了这一最新音乐厅和最高建筑，而这一切都是以曾经的某个仓库为基础的（图 15）。

与此同时，在**法兰克福**，建筑师透露了其已中标位于城市历史中心的三座高层住宅楼项目。矗立在前中央邮政局的基地上，**史蒂夫街综合体**（Stiftstrasse complex）将缓解法兰克福城市中心的稀缺住宅资源（图 16），这是解决欧洲历史名城中心区住房短缺问题措施的一部分。

同样，一位荷兰开发商透露了建造**博安大楼**（Baan Tower）的计划。博安大楼是一座位于**鹿特丹**中心的高层公寓大楼，毗邻著名的伊拉斯谟桥（Erasmus Bridge）。这座建筑据称是欧洲最纤细的公寓楼，高 150 m、占地 400 m²，它将矗立在不断发展壮大的世界级建筑群的中心。

在**斯德哥尔摩**，被成为**博林德计划**（Bolinders Plan）的 17 层住宅楼将成为该城国王岛区域再次开发的一个组成部分。为了尊重当地现有建筑风格，这座建筑的高度和体量是由其周围环境决定的（图 17）。

虽然伦敦正在遭受住房短缺危机，但是**伦敦**金融街区的高层建筑建设仍集中在新的办公项目。未来伦敦金融街区的最高建筑——Eric Parry 建筑事务所的 1 Undershaft 项目（图 18）——通过了伦敦市企业规划委员会的规划批准，在获批前，根据航空法规，大楼的高度降低了 5 m。290 m 高的大楼将在两层楼高的位置设立一个免费开放的公共观景廊，这里可能展出来自伦敦博物馆的艺术品。

由于投资者不确定关于英国脱欧公投对开发是否会产生负面影响，所以毗邻的由 PLP 建筑事务所设计的**主教门大街 22 号大楼**（22 Bishopsgate）项目曾经被暂时搁置。如今随着项目的重新开工，投资者向伦敦市提交了一份新的规划申请，经批准，依照航空法规，大厦的高度被稍微降低了。

图 10	汉京中心，深圳 © Morphosis Architects
图 11	国际贸易中心三期 B 塔楼，北京 © SOM
图 12	中信泰富老西门住宅项目，上海 © EID Group
图 13	陶朱隐园，台北 © Vincent Callebaut Architectures
图 14	M6B2 生物多样性塔楼，巴黎 © Maison Edouard Francois/Pierre L'Excellent
图 15	易北音乐厅，汉堡 © Maxim Schulz

是否会有人觉得碎片大厦糟蹋了伦敦塔，还毁了它世界文化遗产的地位？但我不这么认为。如果你同意上述观点，那么你也可以说 Gherkin、Cheesegrater 甚至未来在利德贺街区建设的任何其他高层建筑都毁了伦敦塔。实际上，伦敦塔是个不老松，不管外界如何变换都会顽强地挺立在那里。只要没有人尝试摧毁它，或者紧挨着它建造摩天大楼，那么伦敦塔千百年后也会继续伫立于此，吸引无数游客慕名前往。

——《建筑师》杂志编辑主任 Paul Finch 谈论伦敦塔周围的新项目，文章见于《伦敦塔不会因新建筑而黯然失色》，2016 年 11 月 16 日

在**伊斯坦布尔**，航空当局参与了**郁金香塔**（Tulip Tower）项目的开发。郁金香塔是在建的城市新机场的空中交通管制塔，由 Pininfarina 集团和 AECOM 公司设计的花形塔在国际设计竞赛中胜出。现在塔楼的基础已完成，预计经过 6 个月的施工，这朵郁金香将绚丽绽放（图 19）。

迪拜仍然占据着新闻报道中许多有关开发高楼大厦的头版头条新闻。最值得注意的是，**迪拜河港塔**（The Tower at Dubai Creek Harbour）继续进行着快速建设，报道称其为确保稳定性，开发商成功完成了地基工程测试。这座塔楼于 2016 年 10 月破土动工，目前施工顺利，争取在 2020 年竣工。

位于**朱美拉海滨住宅区**的**朱美拉度假酒店**（The Address Jumeirah Resort and Spa）项目已经开始动工。这座 290m 高的塔楼最引人注目的是，其结构几乎全长都是中空的。它位于朱美拉海滩最新的一个开放区域，包括住宅、酒店式公寓和饭店。在更远的内陆地区，一家印度开发商已经公布了一个拥有 424 套公寓的 45 层**皇家大道大楼**（Imperial Avenue）项目，这一行动表明该公司开始涉足国外项目。

一家英国建筑公司正在伊朗的**马什哈德**开发一个新项目，在取消了针对性的经济制裁之后，那些国际企业开始回到了该国。以**贾汗购物中心**（Jahan Mall）而著称的多用途项目要建设 3 座大楼，包括办公楼、住宅楼和酒店塔楼，这三座建筑将建在一个 40 万 m² 的零售商场之上（图 20）。

同时，**贝鲁特**依然是新摩天大楼发展的温床。国际评审组最近宣布了可以容纳那些永久性收藏品的**贝鲁特艺术博物馆**（Beirut Museum of Art）的获奖设计。这个精选出来的设计方案中含有 124 m 高的钟楼（图 21），包括临时的艺术家住宅和工作室，以及 1000 个艺术作品展间。

在**特拉维夫市**，**ToHA 综合体**已经开始进行第一阶段的建设，建成后将包含两座办公楼及与之配套的社区设施和一个大型屋顶花园（图 22）。第二阶段中两座塔楼中较高的那座仍处于设计变更中，预计它最终将成为以色列最高的塔楼，超过 244 m 高的**城门楼**（City Gate Tower），后者同处于特拉维夫市。

当前，在南非**开普敦**，当地一座最高的新大楼正在建设。名为 Zero2ONE 的塔楼预计将有 42 层，比当前的冠军保持者 Portside 大厦多 12 层。Zero2ONE 大楼包括 624 间公寓以及一个公共观景台，可 360° 观赏周围景色。

有关最高建筑的新闻报道称，希尔顿酒店集团将把其位于肯尼亚首都**内罗毕**的第三家酒店设在城市快速扩张的上城区的 Pinnacle 综合体（Pinnacle complex）内（图 23）。由于希尔顿酒店所在的这座大厦高度只有 201 m，因此 Pinnacle 综合体内随后建造的另一座 300 m 高的大厦将成为非洲最高建筑，并成为非洲大陆第一座超高层建筑。两座大楼预计于 2017 年开始施工，而内罗毕依旧是非洲主要的摩天大楼中心。■

图 16	史蒂夫街综合体，法兰克福	
	© Magnus Kaminiarz	
图 17	博林德计划大楼，斯德哥尔摩	
	© Utopia Arkitekter	
图 18	1 Undershaft，伦敦	
	© DBox for Eric Parry Architects	
图 19	郁金香塔，伊斯坦布尔	
	© Pininfarina	
图 20	贾汗购物中心，马什哈德	
	© Chapman Taylor	
图 21	贝鲁特艺术博物馆，贝鲁特	
	© HW Architecture	
图 22	ToHA 综合体，特拉维夫	
	© Ron Arad Architects	
图 23	Pinnacle 综合体，内罗毕	
	© WhiteLotus Group	

http://news.ctbuh.org

获得更多全球高层建筑、城市开发以及可持续建设的最新资讯，请访问 CTBUH 每日更新的网上资源
订阅 CTBUH RSS 新闻，请访问全球新闻档案

墨西哥城改革大厦

文 / Julieta Boy

作者简介

建筑师 **Julieta Boy** 现任 LBR&A 建筑事务所项目经理。在过去 8 年中，她领导了墨西哥城最高建筑"改革大厦"的开发和建造。在超过 20 年的时间里，Boy 曾是 Rivadeneyra 建筑事务所、Becker 建筑事务所和 LBR&A 建筑事务所的灵魂人物，主要从事办公、都市设计和住宅项目设计。作为一个独立的执业建筑师，她还设计过独栋住宅和集合住宅。她也经常为不少建造和建筑类的杂志撰稿，其中就包括《链接与作品》(Enlace y Obras)"。

Julieta 拥有两个硕士学位，1996 年获得加泰罗尼亚理工大学一年制建筑硕士学位，后于 2008 年获得墨西哥国立自治大学的建筑设计硕士学位。

Julieta Boy，设计经理
LBR&A 建筑事务所
Rubén Darío 28
Bosques de Chapultepec, Mexico City
Mexico
t：+52 55 5279 1800
e：jboy@lbr.com.mx
www.lbrarquitectos.com

改革大厦完工于 2016 年，由 LBR&A 建筑事务所的 L．Benjamin Romano 设计。它不仅是墨西哥城最高的建筑，同时也代表着高层建筑工业的创新和领袖，使得高层建筑从全玻璃外墙时代脱胎换骨。尽管该项目位于地震多发地带，原址上还有一座历史建筑，但这些条件却反而产生了与众不同的"开页书"(open-book) 造型。改革大厦是由两组外露的混凝土剪力墙和楼板构成，而这些剪力墙和楼板又被包纳在一个引人注目的悬臂钢斜肋构架中。

1 背景

了解改革大厦，最重要的是把它放在墨西哥简短但是不断变化的高层建筑历史背景中来看。墨西哥的现代建筑始自于 1956 年完工、204 m 高、44 层的拉丁美洲大厦 (Torre Latinoamericana)，由于其坐落于地震带上并且是软土地基，其建造过程中克服了许多工程学的挑战。在很长的一段时间内，拉丁美洲大厦都是墨西哥乃至拉丁美洲第一高楼，直到 30 年后被墨西哥石油公司执行大厦 (Torre Ejecutiva Pemex，1982 年，212 m/54 层) 和市长大楼 (Torre Mayor，2003 年，225 m/52 层) 超越。但是，真正的转折点是在 2016 年到来的。那一年，改革大厦 (Torre Reforma) 以 246 m、57 层的高度超越了首都其他所有的高层建筑，这其中还包括 2015 年新完工的墨西哥外贸银行大厦 (Torre BBVA Bancomer)。改革大厦标志着墨西哥城在垂直都市发展过程中的重要转折点。

改革大厦是发展中地区最引人注目的摩天楼之一。在这一区域，还有许多其他的摩天楼即将投入建设。目前，在墨西哥城，有许多高度超过 200 m 的摩天楼正在建设当中，其中大部分都位于改革大道 (图 1)。在这里，人口是主要的驱动力，中心城区有 890 万人口居住，而整个大都市区域共有 2 100 万人口，其中 26.3% 的墨西哥人年龄介于 15~29 岁之间。每年差不多有超过 200 万年轻人进入墨西哥城。城市位于封闭的山谷里，其碗状地形限制了城市的水平方向发展，因此毫无疑问，墨西哥城中心区只能垂直发展。

2 项目用地和摩天楼

改革大道是墨西哥最负盛名的一条道路，这是改革大厦的所在地，这里是一个集文化、历史和金融为一体的区域，改革大厦用地只有 2800 m²，对于一座需要容纳 87 000 m² 空间的高层建筑来说，实在是太小了。

改革大厦与那些造型冷酷的摩天楼不同，它以拥抱的姿态对待其周围的环境，并且主动整合了项目用地原址上的历史性建筑，使其成为中央大堂的一部分 (图 2 和图 3)，同时还将街道活动引入了首层和地下一层的商业区。该大厦所反映的建筑理念是：摩天楼就是一座城市在垂直方向上的延伸，因此建筑内需涵盖体育设施、开放空间和平台、酒吧和饭店、花园、礼堂和公共聚会厅等。

从实用角度来说，改革大厦周围交通十分便利，与城市基础设施及服务联系紧密，其选址有很大战略意义。首先，它被重要的街道包围，例如之前提到过的改革大道、墨西哥城最长道路起义者大道 (Avenida Insurgentes)，以及连接城市中心街区的快速路——内环路 (Circuito Interior)。在地面层，人行道也得到扩展以方便所有用户到达，步行者在这里比车辆驾驶者更享有优先权。现有的邻近改革大厦的基础设施包括 2 座地铁站、公共汽车

项目数据

竣工日期：2016
高度：246 m
层数：55
总建筑面积：77 053 m²
功能：办公
业主 / 开发商：Fondo Hexa, S. A. de C. V.
建筑设计：LBR&A Arquitectos
结构设计：Arup；Diseño Integral y Tecnología Aplicada SA de CV
机电设计：Arup；DYPRO；Garza Maldonado y Asociados；Honeywell；Uribe Ingenieros
项目管理：Lend Lease
主承包商：Lomcci，COREY，Cimentaciones Mexicanas，S. A. de C. V.；HEG Diseoe instalacion S. A. de C. V.
其他工程顾问 (CTBUH 会员)：Alan G. Davenport Wind Engineering Group（风工程）；Arup（声学、外墙、消防、岩土工程、LEED、可持续设计）；Van Deusen & Associates（垂直交通）
其他供应商 (CTBUH 会员)：Schindler（电梯）

> 建筑分为 14 个四层的集群，"建筑中的建筑"让使用者在宏观层面与城市互动，而在微观层面与他们的办公空间相互作用。

图1，图2

图 1　改革大道上新建高层建筑的全貌，其中右边的是改革大厦
© Alfonso Merchand
图 2　大厦底部原址上具有庄园风格的历史性建筑，被设计成为中央大堂的一部分

站和多个公共自行车站。历史建筑既保留了它原有的城市价值，又成就了从步行街道层面的人类尺度向高层建筑尺度的自然过渡。改革大厦不仅改善了城市天际线的视觉品质，也为步行者带来了更为丰富的街道活动体验。

3　非同寻常的几何学

改革大厦独一无二的造型来源于一种综合的建筑-结构形式——parti，它考虑了许多社会、经济和环境因素。这座 57 层的大厦因其三角形造型而独树一帜，它由两道 246 m 高的外露混凝土墙构成，状如一本打开的书，并使用钢制斜肋构架及玻璃组成的斜边进行封闭，以便全景观赏查普尔特佩克公园（Chapultepec Park）（图 3 和图 4）。其外立面具有遮阳效果，从斜肋构架悬挂而下，给建筑带来了无柱而自

由的室内空间，有着无数可变性。遮阳立面同时还大大促进了节能减排，彰显着从普通全玻璃外墙美学向当代摩天楼的显著转变。

改革大厦"开页书"结构支承和负担着整栋建筑的荷载。对角线形室外钢网架沿主立面交叉分布，代替了传统结构中的柱子。这个转变使得荷载传向混凝土结构墙，接着顺墙体通过地下室的泥浆墙传到地基。牢固的混凝土结构和建筑立面受到了前西班牙和墨西哥殖民地建筑风格的影响。石头是这些建筑最主要的材料，当代墨西哥建筑文脉也对其进行了重新定义（图 5）。

大厦外露的混凝土墙不仅仅是为了构成强有力的视觉象征，而且是结构、建筑和建造过程综合后的结果，并成为大厦的脊梁骨。它们是大厦关键性的支撑要素，

同时也是允许大厦在地震时可以安全位移的动态要素。这些大体量的穿孔墙插入土层并锚固在地面 60 m 以下的基岩上，使大厦的基础足够稳定。

根据城市法规，建筑所能被允许的建设高度一般为用地前方道路宽度的两倍。在改革大厦这个项目中，就是指改革大道的宽度。然而，尽管在建筑立面高度上有所限制，法规还是容许用地可以拥有比较高的建筑密度。按照墨西哥惯例，从改革大道另一端 1.8 m 高处有一条虚拟线，这条线正好通过建筑立面的最高点，建筑可以被允许建设的高度就受制于这条虚拟的控制线。因此，最终改革大厦被允许建设的总高度是 246 m，而且是一个从 200 m 处上升而来的斜面。

改革大厦独特的立面形式部分原因来自于它要容纳基地原址上一座 660 m² 的历史建筑。这幢 20 世纪早期建筑由国家艺术委员会（INBA）列为历史性保护建筑（图 6），不能被拆除或改作他用。考虑到经济成本，设计师将这幢历史性建筑整合进中央大堂，其对应的地下空间被用作基础、地下车库和服务用房，最终还决定移动这幢建筑。在移动之前，首先加厚了墙壁，并在其下浇筑了一块混凝土板，然后在混凝土板下面搁上轨道。这幢历史性建筑从最初位置上整体移动了 18 m。改革大厦的基础完工后，建筑又被移回它原来的位置，而且其地下空间也已经被开挖完成

> 大厦主塔楼外露的混凝土墙，并非仅仅是为了构成强有力的视觉象征，而是结构、建筑和建造过程等因素综合后的结果。

了。原先老旧破损的石灰岩被修复，建筑现在也作为零售空间对外出租了。大厦的玻璃立面由历史建筑上方一条 14 m 的悬臂梁支撑，旋转了 45° 角，得以坐拥城市最佳景观视野。

4 外立面

为了达到 AIA 2030 承诺中的节能要求，改革大厦的结构效率和建筑设计都通过了 LEED 白金级的美国绿色建筑委员会（USGBC）预认证。整栋建筑的外围护结构取得了良好的能源绩效，按照美国供暖、制冷与空调工程师学会 (ASHRAE) 标准，与相同规模的传统建筑相比，该建筑的能源使用量降低了 24%。能耗的降低主要归功于立面和结构设计的相互影响：混凝土剪力墙与双层玻璃立面和它的固定水平遮阳幕一起，使得自然光线可以照进所有的办公空间。此举使大厦租户颇为受益，不仅为他们提供了一个既美观又舒适的室内空间，独特的工作环境也提升了员工的绩效表现。除了为室内空间提供遮阳和热量保护，混凝土剪力墙也是直接作为建筑元素而刻意外露的，这样就无需多余的挂板材料来装饰它了（图 5）。

玻璃立面系统改善了最低太阳能系数 (solar coefficient，SC)、太阳能得热效率（solar heat-gain coefficient，SHGC）、U 值、反射值和美国供暖、制冷与空调工程师学会 (ASHRAE) 推荐的光传导级别。每一块绝缘玻璃板都由一片居于室外侧的 Low-E 单层玻璃和一片居于室内侧的双层夹层玻璃组成。而且，在玻璃表面，每隔 2.1 m，就有一道深为 1.2 m 的水平遮阳铝板，给这幢大厦带来了强烈的立面语汇（图 7）。大厦主塔楼的另外两个立面由现浇混凝土剪力墙加内嵌窗构成，其图案的构成则取决于室内空间使用，以及结构、通风和建造过程的需要。在大厦的上部楼层，混凝土剪力墙变成了预制玻璃纤维加强混凝土（GFRC）板。这个倾斜的立面还包括深嵌入立面中的隔热窗（图 8）。

图3	图4

图3　墨西哥城改革大厦
图4　"开页书"方案平面图和剖面图

1 首层平面

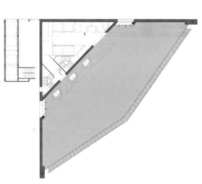

2 低层平面

3 空中大堂

4 高层平面

在第 23 层，玻璃外墙系统开放为一个引人注目的三层楼高的室外空中大堂，提供了眺望周围城市景观和 Chapultepec 公园的绝佳视野。一道玻璃围幕被设计用来挡风，同时又不会遮挡视线（图 9）。

在空中大堂的上方，有一个室内的礼堂，通过呈三角形延伸的玻璃窗可俯瞰城市景观，与户外空间形成互动，同时也将自然光线引入礼堂。建筑师在这里使用的三角形表达，可以看出是源于大厦外观的几何学设计。

5 室内流动性

改革大厦室内设计的关键词是"流动"，即人、液体、荷载、能量等的流动（图 11）。建筑分为 14 个四层的集群，"建筑中的建筑"让使用者在宏观层面与城市互动，而在微观层面与他们的办公空间相互作用（图 12）。在地震活动高发的城市里，混凝土墙的开洞被设计成带有柔性抗压性能，并沿着大厦在每一个集群重复出现，这样可以在一个三重空间内为室内花园提供自然采光。这些花园是街道层面水平公共空间沿垂直主轴的延伸，它们创造了室内的微空间。

大厦还优化了租户在建筑内部本身的

流动，以及他们同这座城市的联系。在建筑内，为了给不同用户提供最优服务，电梯被分为高、中、低区，但是这些电梯却共享相同的电梯井以提高使用效率。从项目的概念构思阶段开始，设计团队就开始向世界范围内最好的高层建筑专家征询建议，其最主要也最关键的目标是保证所有使用者的安全。通过运用紧急疏散电梯系统 (EEES)，改革大厦的电梯在遭遇火灾时将仍可使用。因为在紧急时刻，电梯井空间将被加压，为每层提供一个避难区。这一实践在高层建筑数量相对来说还较少的墨西哥并不普遍，因此还有一些用户教育

的工作要做。

与其他停车需求较少的大城市不同的是，墨西哥城的建筑法规要求为每 30 m² 的办公空间提供 1 个停车位，而每 40 m² 的商业空间也要配备 1 个停车位。因此，改革大厦总共需要提供 1 000 个停车位。对于这个用地面积很小的项目来说，这无

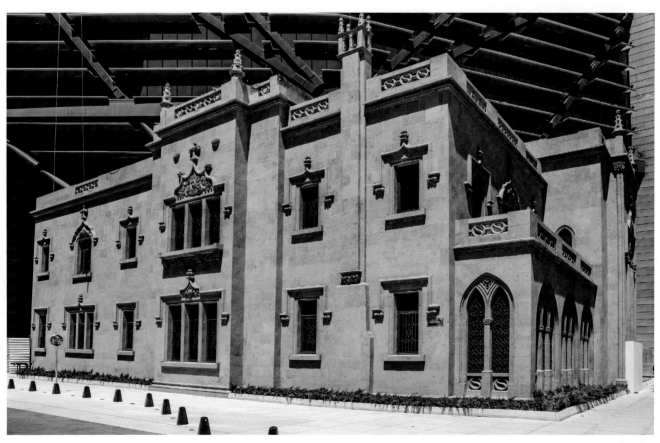

疑是个大挑战。因此，改革大厦建了一个能容纳 600 辆车的 8 层坡道式停车库，同时在主塔楼的背面提供了两幢机械停车楼，以解决剩余 400 辆车的停放问题。机械停车库对环境的影响比传统的停车库要小得多，因为车辆在停放时没有尾气排放，而且空间也不需要被提升。为了将大厦对周边社区和街道造成的影响最小化，地下停车库有一条能够改变行车方向的第三出入口坡道，它在早上只许进车，而在下午就只准出车了。

6 高度与绿色环保

可持续发展不再只是一个可选可不选的要求。国际市场要求各个跨国公司兑现他们对保护地球自然资源的承诺，他们使用的设施当然也理应反映这一理念。改革大厦是墨西哥城一处振奋人心的项目，可持续性特质和精心设计的结构体系使其成为地标性建筑，向全世界昭示着拉丁美洲的建设现状。这一展示性项目将会促进墨西哥及其周边区域产生更多的绿色建筑。大厦的所有者在设计阶段就已得知，满足规范和法规将使得大厦获得 33 分 LEED 评分。除此之外，他们还意识到可持续性设计将改善他们的投资回报。正是基于此，他们才决定超出规范的要求以获得 LEED 白金认证，并将创新整合到设计中去。2016 年，建筑以 45 分获得了 LEED 核心与外壳 V2.0 版白金认证。

改革大厦的水处理工厂能 100% 回收雨水和废水，主要用于洗浴和空调。为了提高效率，水箱分布于大厦各处，依靠重力而不是电泵进行配送，这在发生火灾时将会非常有用。大厦有一套主水泵，它能把水从地下室送到位于 30 层的中层水箱，再从那里送水到大厦的顶层。

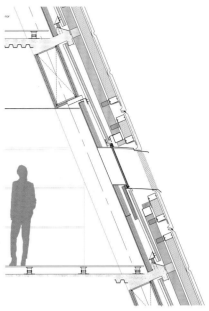

图 5　改革大厦的混凝土外立面，受到了前西班牙和墨西哥殖民地建筑风格的影响
图 6　历史性建筑为墨西哥城的高层建筑和步行尺度之间提供了一种连接
图 7　水平遮阳铝板
图 8　倾斜外立面上的预制混凝土板
图 9　三层楼高的空中大堂提供了新鲜的空气和毫无遮挡的城市景观
图 10　礼堂内特色鲜明的三角形景观玻璃，将自然光线引入室内

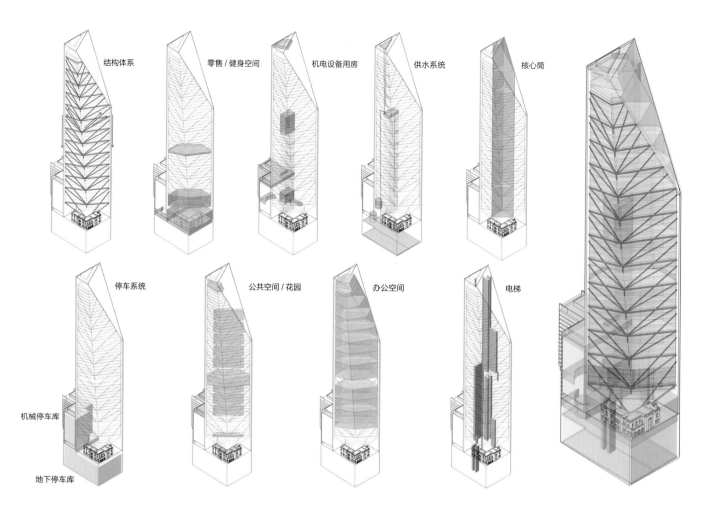

结构体系　　零售/健身空间　　机电设备用房　　供水系统　　核心筒

停车系统　　公共空间/花园　　办公空间　　电梯

机械停车库

地下停车库

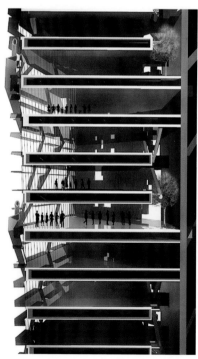

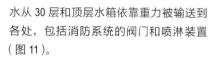

水从 30 层和顶层水箱依靠重力被输送到各处，包括消防系统的阀门和喷淋装置（图 11 ）。

大厦的水处理设施使得其成为墨西哥的标杆。这套系统能够现场 100% 处理和再利用废水，主要用于冷却塔以及低层区和零售区的所有卫生设施。这些处理过的水将满足所有街道层和低层区的灌溉所需。位于地下室的雨落管将收集全部雨水并将其再利用到整个大厦的多个设施中。

除了水处理外，大厦还可主动管理自然气流。自控系统在黎明前开窗，让凉爽的空气进入建筑，并将温热的空气释放到室外。而且，还有一个三层高的中庭贯穿大厦，可以实现自然通风，中庭内设有室内花园，可以种植高大的树木和其他植物，这样在改善空气质量的同时，也让空气在核心区与租户使用区域之间流动（图14）。从地板到天花板的通高玻璃使人们从室外就可以看到室内的花园。

7　抗震安全性

因为墨西哥城是地震高发区，通过极其先进的分析技术和创新的结构解决方案，大厦拥有很高级别的抗震性能。大厦的结构超过了墨西哥城和美国加州的建筑规范要求，有着最大程度的安全性。大厦的抗震系统需要与建筑独特的几何造型相匹配，上层的结构交叉加固膜增强了大厦在地震情况下的稳定性。

对大厦结构的方案进行分析后，建

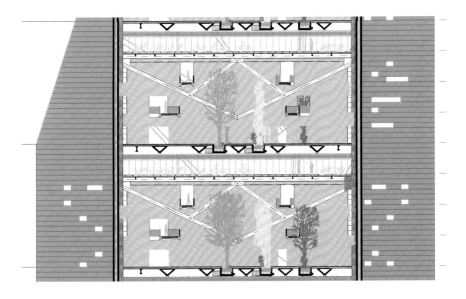

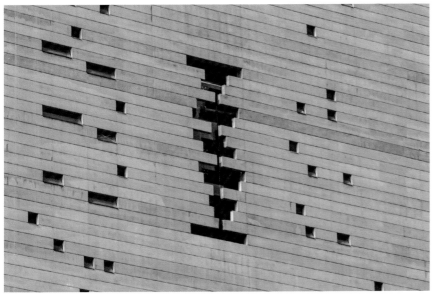

筑师们使用了非线性材料行为来测量震能的消散，并证实该建筑的结构可以在一般水平级（43 年一遇）的地震中保持不受损。即使是在发生罕遇地震（2475 年一遇）的极端条件下，生命安全也可以得到保障。

另外，混凝土剪力墙在长方向的中心处，有战略性布局的开口。余下的混凝土墙通过开口的桥接，这里指的是连梁，使得墙体在低强度的地震事件和挠度限制的情况下保持刚度。在极少数伴有高强度地面运动的地震事故中，连梁受损，所以可以通过可控制的局部裂缝来柔化建筑和耗散地震能。这种能量的耗散对于保护租户的生命安全是至关重要的。

8　建造挑战

历史建筑的平移、混凝土和金属结构的搭配，以及对钢结构装配的临时支撑是改革大厦的建造过程中三个相关联的挑战。

混凝土墙体和钢结构由不同的承包商承建，这就对工作和储藏空间、塔吊和时间计划、实施速率以及地形特征控制之间的协调有更高要求。由于五个管壁中的两个都是钢的，只有在"斜边"封闭的情况下，整体结构管道的稳定性才能得到保证。出于这个原因，两家承包商的混凝土墙和钢结构的进展必须同步。

另一个挑战来自大厦前面的对角线结构的张拉功能。只有顶板浇筑后，张拉工作才能开始进行，这样就要求承包商沿着建筑的前边建起一系列临时的支柱，以便在对角线结构施工的时候用来支撑楼板。一旦与对角线结构形成张拉连接的板浇筑完成，它们就要开始承担荷载。因此必须

稍微将钢结构"提升"一下，大约是 5 cm 的高度，以便在拆除临时支架的时候，可以放置楼板和钢结构。

混凝土剪力墙结构采用了一种非常规的施工方法。建造商以 700 cm 高的水平条状模板，而不是传统的 4.2 m 高模板浇筑墙体（图 16），每天浇筑一条，每周工作 6 天，施工速度基本上是一周一层。然而这样的浇筑却产生了一种独一无二的建筑外观，每天混凝土混合物的变化会产生了深浅不一的随机图案。每一次浇筑之间由 19 mm 深的凹槽分隔，这种施工工艺使得建筑短边上整面的混凝土墙有着深浅不一的纹理。

9　更少玻璃，更加环保

面临未来气候变化会愈加严重，以及玻璃立面又的确会造成资源浪费等极大挑战，建筑师们寻求到了这样一个实际可用、又颇具美感的替代设计。改革大厦的成功向我们展示了摩天楼可以打破全玻璃建筑幕墙的传统模式，更加绿色、环保。■

直上云霄：世界门户城市高层办公楼发展的决定性因素

文 / Richard Barkham   Dennis Schoenmaker   Michiel Daams

作者简介

Richard Barkham

Dennis Schoenmaker

Michiel Daams

　　Richard J. Barkham 博士是宏观经济学和房地产经济学领域的专家，于 2014 年加入世邦魏理仕，任职执行总监以及全球首席经济学家。此前，他是高富诺（Grosvenor）集团——运营资本超过 100 亿美元的国际房地产公司的研究总监，同时作为高富诺集团的资本管理非执行总监，他负责投资策略、风险分析以及资本增值。Barkham 出版过两本著作，还发表过许多学术论文和产业论文。他拥有雷丁大学（University of Reading）的经济学博士学位。

　　Dennis A.J. Schoenmaker 博士是世邦魏理仕国际经济学家，与公司的全球首席经济学家共事，为经济和房地产市场领域提供最新见解。在 2015 年 7 月加入世邦魏理仕之前，他在格罗宁根大学（尼德兰）的空间科学学院获得了博士学位，在此期间，Schoenmaker 积累了资产价值、商业地产研究、投资和开发领域的许多经验。他还拥有格罗宁根大学房地产研究和社会学硕士学位。

　　Michiel N. Daams 博士是格罗宁根大学经济地理学和房地产专业的博士后研究者，他有格罗宁根大学的两个硕士学位和一个博士学位。Daams 作为当地及国家公共研究所的学术顾问，有广泛的经验。Daams 参与过大量项目，也有许多著作。他的地理空间统计数据分析方法为城市发展进程以及房地产市场的价值提供了崭新的视角。

Richard Barkham 博士，全球首席经济学家
Dennis Schoenmaker 博士，全球经济学家
CBRE 世邦魏理仕环球研究
Henrietta House
Henrietta Place
London W1G 0NB，United Kingdom
t：+44 20 7182 2457，f：+44 20 7182 2001
e：Dennis.Schoenmaker@cbre.com
www.cbre.com
Michiel Daams 博士，博士后研究员
格罗宁根大学，空间科学学院
9747 AD Groningen，The Netherlands
t：+31 50 363 8655
e：m.n.daams@rug.nl

　　许多理论认为社会和经济的进程引发了众多摩天大楼的开发，但是都缺乏实验性证据。本文作者首创性地采用摩天大楼开发决定因素的视角来对其进行观察。研究的最终目的是更好地理解为什么不同城市的摩天大楼有着不同的楼层数量，这只是一个地理和经济的过程，还是有其他监管或人类行为方面的因素在起作用？

　　人们普遍认为摩天大楼能够反映一个城市的财富和国际竞争力。的确，一些城市通过推进摩天大楼的建设来提升城市品牌。为争夺最高建筑的头衔，建筑师们在 20 世纪创造出了纽约帝国大厦，21 世纪建设了迪拜的哈利法塔以及上海的上海中心。从城市经济的角度看，市中心土地的高价格源自稀缺性和便利性所产生的附加值。摩天大楼反映了资本对昂贵土地资源的最优化配置，同时由于聚集经济效应，摩天大楼也能产生更大的生产力。高密度的雇员能够频繁地面对面接触，分享知识，这些思维碰撞能够激发创新。因此，有许多理论都认为，社会和经济的进程引发了众多摩天大楼的开发，但是都缺乏实验性证据。本文作者首创性地从全球办公功能摩天大楼开发决定因素的视角来对其进行观察，从而不同于前人的研究方法（比如 Barr 等，2015；Helsley 与 Strange，2008），该方法不再局限于地区或国家的范围，而从新的视角观察全球摩天大楼建设的驱动因素。

　　作者的摩天大楼数据来自 CTBUH 摩天大楼中心数据库，尤其是办公功能的摩天大楼。不同于关注摩天大楼的总数或仅仅关注独立的或累计的高度，作者使用了一个城市中办公摩天大楼的楼层总数作为这类建筑的内部楼层空间总量。这是一个因变量。

　　CTBUH 数据库中包含了来自全世界 83 个国家的 2358 个摩天大楼案例，包括纯办公建筑和混合功能建筑。地理分布图（图 1）显示，美国和亚洲的城市，比如纽约、东京、上海和香港，拥有高度不低于 100 m 办公建筑的数量最多。2000—2015 年间，摩天大楼的建设集中在中国等快速增长的新兴经济市场（图 2）。尽管如此，以楼层数量计算，纽约仍然排在第一位，接下来是东京、香港、迪拜、芝加哥、悉尼和上海。

图 1　截至 2015 年底全球办公功能摩天大楼[1]的总量
　　　数据来源：CTBUH，CBRE 研究，2016
图 2　2000—2015 年全球办公功能摩天大楼[1]的开发量
　　　数据来源：CTBUH，CBRE 研究，2016

---

[1] 本文中，摩天大楼特指高度在 100 m 及以上的高层办公建筑，且仅考虑高度符合要求以及至少有一种混合用途的建筑。

表1 对各城市中办公建筑楼层数量的回归预测

	系数	
GDP (log)	0.28	**
土地面积 (log)	0.29	**
全球连通性 (log)	1.12	***
欧洲[6]	-1.17	***
常数	-10.60	***
Adj. R-squared	0.67	
F-test	54.13	***
N	104	

注意：所有预测基于城市层级。
***，** 分别表示误差在 1% 和 5% 范围内。

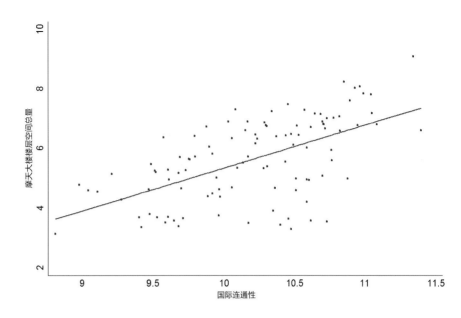

纵轴：摩天大楼楼层空间总量　横轴：国际连通性

图3
图4
图5

图3　摩天大楼[1] 与城市 GDP
　　　数据来源：CTBUH, OECD 以及牛津经济学，CBRE 研究，2016
图4　摩天大楼与土地面积
　　　数据来源：CTBUH 和人口统计研究所，CBRE 研究，2016
图5　摩天大楼与连通性
　　　数据来源：CTBUH 和 GWAC, CBRE 研究，2016

分析中解释。

　　作者相信，有一个最终的经济因素将在摩天大楼的开发中起作用，即：城市在全球等级中的位置。为了调查这种关系，作者使用了"全球化和世界城市研究网络（GAWC）"提供的数据，数据记录测量了先进的生产性服务业公司的分公司及总公司业务数量，并用"连通性"来对城市进行定位。城市有越多的全球性或地区性总部，就有越强烈的连通性，对全球经济的影响就越大。GAWC 数据的"连通性"基于经济上的延伸能力，是全球城市地位的

硬指标。摩天大楼和全球连通性的相关度高达 0.6（图5）。连通性与土地面积相关度低，与 GDP 相关度中等。

　　最后一个起作用的"非经济"因素是土地使用规划。作者认为这个因素在欧洲的作用更大，因为那里有更多"历史遗迹"需要保护。本文的数据模型中，作者粗略引入了一个虚拟变量来代表欧洲城市的情况。

2　结果

　　表1显示出多变量的回归。模型解释了数据中67%的变量[3]。为了证明估算是可信的，作者进行了异方差性[4]和多重共线性[5]的测试。测试显示模型不偏不倚而且效率突出，所有的变量都非常吻合作者假设的方式。两个最重要的变量是GAWC"连通性测量"以及欧洲的虚拟变量。GDP 和土地面积的相关系数很小，而且载入模型中后，对调整后的 R 方影响很小。回归分析表明，连通性增长10%，相应地引起摩天大楼楼层空间增加11.2%。而且，其他因素也同样合理，欧洲城市 100 m

及以上办公建筑的楼层空间相比其他城市平均少69%。最后，10% 的 GDP 增长以及10% 的土地面积增长导致摩天大楼楼层空间增长率的影响分别为 2.8% 和 2.9%。

　　这份研究是否表明城市的土地面积以及 GDP 对于摩天大楼的发展没有那么重要？并非如此。但是该结果确实提醒我们，土地面积和 GDP 有经济相关性，它们意味着地理位置和生产能力。GAWC 数据测量了先进的生产性服务业的密度，更好地测量了决定生产力的技术基础和聚集效应。同时结果也具有动态性，摩天大楼吸引商业产生聚集效应经济，从而又能创造生产力，促进发展。依据这一思路，作者不禁会思考欧洲缺少摩天大楼与其低增长率是否具有相关性，尽管其历史遗产建筑也为旅游产业、为经济贡献了很多。

　　通过考虑模型的异常值（图7）[7]，作者也介绍了除了模型中的经济变量之外，还有一些城市中建筑楼层空间大小更为极端的情况。总的来说，积极的异常值指的是城市中摩天大楼楼层空间比预测更

---

③ 如果模型中没有欧洲虚拟数据，则需要降低 10% 的上海中心 R 方和 F 检验。
④ 作者使用布伦斯 - 帕甘（Breusch-Pagan）检验方法检验异方差性。布伦斯 - 帕甘检验剩余误差的变量是同质纯系的。在我们的研究中，这个测试证明了方差是同质纯系的假设是失效的。
⑤ 作者关注的异常值指至少有一项偏离标准值，这是一种相对普遍定义异常值的方法。
⑥ 作者引入了欧洲虚拟变量，因此欧洲系数和世界上其他地方的具有相关性。
⑦ 作者采取了常用的一阶差分方式来寻找异常值。

专题：2000—2015年间，纽约、上海和迪拜的摩天大楼开发

2000年起，在全球高连通性的城市和市场中，新产生了大量办公楼，比如中东和亚洲（图1）。作者选取了三个高连通性城市——纽约、上海和迪拜，并从每个城市的视角对新型建筑进行了分析。

每个城市都有着不同的摩天大楼发展史和连通性状况。我们首先来分析2000—2015年摩天大楼的开发状况：上海新建了2564个办公塔楼楼层，迪拜有3059个，纽约则有1263个。尽管纽约增加的数量最小，但它仍然是世界上摩天大楼（100 m及以上）最多的城市，并且长期以来一直是全球的商业中心。相比而言，得益于摩天大楼的大规模建设，上海最近十年逐渐成为新兴国际化商业中心。最近，迪拜也成为摩天大楼开发量巨大的城市，哈利法塔是如今世界上最高的建筑物。2000—2015年间增加的楼层面积影响着这些城市2000年以后的楼板供应：迪拜的供应量增长了1999%，上海增长了547%，相对成熟的市场纽约只增长了17%，而这些数据也反映着各自城市的建筑发展史。

图6为100 m及以上建筑的楼层密度分布图，显示了楼板供应量变化的地理格局。左图显示2000—2015纽约的楼层空间主要增加于曼哈顿的中区和下区，导致办公土地的使用密集化。相比而言，上海在城市核心区增加的楼层空间供应更分散。右图则展示了迪拜的建筑楼层经历了从稀疏到合理的转变。迪拜和上海两个新兴城市的天际线和城市形态有着持续而快速的变化，很有可能是受国际连通性的影响。

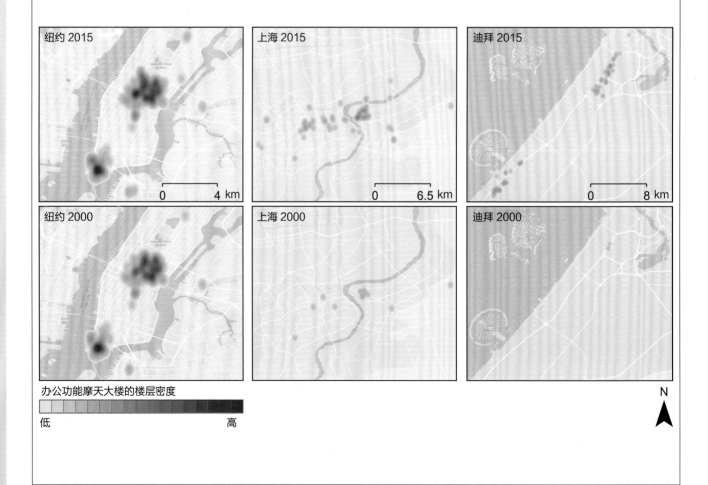

办公功能摩天大楼的楼层密度

低　　　　　　　高

N

多，此类城市多为新兴市场，近期经济增长也非常快速。

新兴市场活力的重要来源之一就是中国的发展：有4个积极的异常值来自中国城市（香港、深圳、天津、广州）。另有7个新兴市场城市（迪拜，莫斯科，多哈、阿布扎比、布里斯班、温尼伯、卡尔加里）因为依附中国经济的增长或是本国的高价原油而表现良好。其他积极的异常值来自金融驱动型城市（法兰克福、巴塞尔）或者其他快速增长的新兴市场（伊斯坦布尔、安卡拉）。

很多人往往倾向于认为，新兴市场城市的快速增长创造出了一种认同渴望，从而产生"摩天大楼嫉妒"，导致发展中造成很大浪费。而现阶段还没有数据能证实或否定这一说法。至少新兴市场城市必须对新的经济状况（包括从海外流入或与海外合作以及垂直发展比水平发展更容易的说法）迅速响应这一论断是很好的。那些比模型预计拥有更少的摩天大楼楼层空间的城市包括一些重要的历史区域（米兰、慕尼黑、阿姆斯特丹和罗马），或者是一些历来的低增长区域（阿德莱德、渥太华、开罗、布宜诺斯艾利斯），抑或是一些地震受灾区。但是萧条的发展情况比繁荣的发展情况难解释。

另一个有趣的观点来自案例中的次级样本——150 m、200 m、250 m或更高塔楼的分类观察，他们与模型的契合度更低。这说明这些超高层摩天大楼的产生机制不同于"常规"的摩天大楼。一些学者

（如Michaelson，2014）认为一座超级高层摩天大楼更有可能与摩天大楼竞赛有关而不是与经济基础有关。

3 结论

人们广泛认为，摩天大楼代表了一个城市的财富和国际竞争力。关于社会经济的进程引发摩天大楼开发的假设有很多，但是仅凭经验无法证明这些结论。本文作者独到地关注了四个因素：城市GDP、城市的土地面积、城市的国际连通性以及土地使用法规，这些法规对每个建筑的高度有一定限制，或是出于美学考虑，抑或是为了公共安全。这些因素共同解释了全球城市中摩天大楼空间总量的成因。

此外，本研究还发现了深藏表面之下的先进生产性服务业的状况，以及除欧洲之外各个城市的所处位置是解释摩天大楼（100 m及以上的建筑物）楼层空间数量显著差别的重要变量。由此，该研究佐证了地区和全球总部能够帮助城市实现更高的连通性，从而对全球经济产生更大影响。但是对超高层建筑而言，还有许多其他非经济因素在起作用，本研究没有深入探讨。在未来的研究中，作者会综合这些因素，关注不同的次级样本，对摩天大楼进行更加深刻的研究和思考。■

图6　纽约、上海和迪拜办公功能摩天大楼的楼层密度
数据来源：CTBUH（2016），OpenStreetmap
图7　作者的回归模型所显示出的摩天大楼开发水平低于预期的城市（数值小于零）和开发水平高于预期的城市（数值大于零）
数据来源：CTBUH和GWAC，CBRE研究，2016

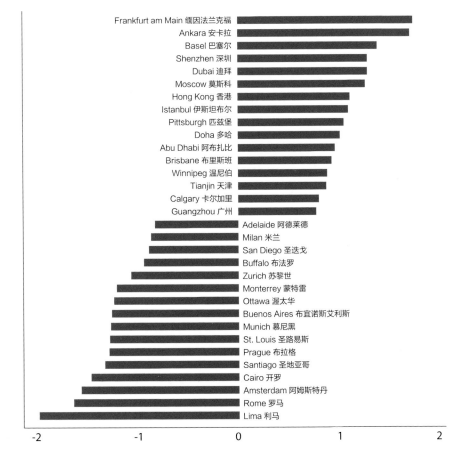

参考文献

BARR J, MIZRACH B, MUNDRA K. Skyscraper height and the business cycle: Separating myth from reality[J]. Applied Economics. 2015, 47 (2), 148–160.

Council on Tall Buildings and Urban Habitat (CTBUH). The Skyscraper Center[DB/OL]. (2016-12). http://www.skyscrapercenter.com.

GLOBALIZATION AND WORLD CITIES RESEARCH NETWORK (GWAC). World City Relational Data [DB/OL]. (2016-12). http://www.lboro.ac.uk/gawc.

HELSLEY R, STRANGE W C. A game-theoretic analysis of skyscrapers[J]. Journal of Urban Economics, 2008, 64(1): 49–64.

MICHAELSON C. The competition for the tallest skyscraper–Implications for global ethics and economics[J]. CTBUH Journal, 2014(4): 20–27.

细长型摩天大楼的支撑结构设计

文 / Franco Mola　Elena Mola　Laura Pellegrini

　　意大利米兰安联大厦是 CityLife 商业区建筑群的一部分，它最引人注目的要数其狭长的建筑形态和用以固定底部的四条斜压杆（图 1）。该建筑入围了 2016 年 CTBUH 欧洲地区最佳高层建筑奖，很大程度上归功于其不同寻常的结构系统。本文探讨了建筑中通用钢结构和混凝土结构体系的设计、试验与实施。

1　结构体系的一般特征

　　安联大厦占地 24 m × 61 m，呈矩形。该建筑地上 50 层、地下 3 层。垂直结构元素包括两行列：一组外围柱，分别相距 6 m，分布在各边的长边，再加上四个中央巨型柱，距离一边 12 m，另一边 2.4 m。

作者简介

Franco Mola

Elena Mola

Laura Pellegrini

　　Franco Mola，ECSD 有限责任公司创办者，意大利米兰理工大学土木工程学院钢筋混凝土及预应力混凝土结构全职教授。他的研究和设计活动着眼于复杂结构中混凝土的长久性能影响以及以高层建筑为主的概念设计。他在世界各地发起、撰写或参与了 250 多个会议、同行评审文章和主题讲座。作为结构设计师，Franco 设计了米兰伦巴底广场大厦（Palazzo Lombardia）（高 163.5 m）、都灵皮埃蒙特大区总部新楼（New Torre Regione Piemonte Headquarters）（高 209 m）和米兰安联大厦（Allianz Tower）（高 209 m）等多个建筑。

　　Elena Mola，博士，ECSD 公司首席执行官，2001 年毕业于米兰理工大学结构工程专业，并获得法国格勒诺布尔国立综合理工学院（the Institute National Polytechnique de Grenoble）地震工程学博士学位。2002—2007 年，她在欧洲委员会的 JRC（联合研究中心）ELSA 实验室（欧洲结构评估实验室）担任课题研究员，参与了通过拟动力试验方法进行建筑物地震反应的分析和试验研究。2007 年，Elena 成为 ECSD 的合伙人，现任 ECSD 的 CEO、人力资源及项目管理主管和地震工程顾问。2012 年以来，Elena 在大学与其他教职员合作教授建筑师综合设计实验，还与人合著并发表了大量聚焦于地震工程问题的论文。

　　Laura Pellegrini，硕士，ECSD 公司高级结构工程师，2007 年毕业于米兰理工大学土木工程专业（结构工程专业）。2007 年在贝尔加莫成为注册专业工程师。她的学术生涯包括在米兰理工大学工程学院建筑学院担任 Franco Mola 教授五年多的助教。Laura 的主要研究课题是分析高层建筑中混凝土构件长期变形的影响，她与人合著了多篇关于此课题的论文。此外，她还是米兰伦巴底广场大厦、都灵皮埃蒙特大区总部新楼和米兰安联大厦设计和施工现场监督团队的核心成员。

Franco Mola，创始人
Elena Mola，CEO
Laura Pellegrini，高级结构工程师
ECSD 有限责任公司
Via Goldoni, 22
20129 Milano
Italy
t：+39 02 7395 4653
f：+39 02 7000 8547
e：elena_mola@ecsd.it
www.ecsd.it

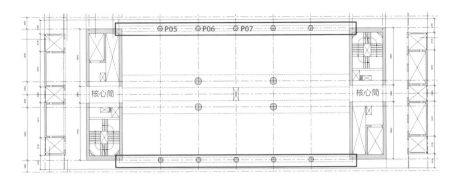

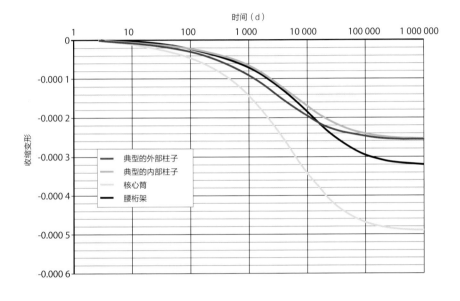

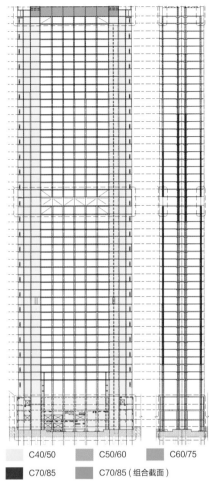

C40/50   C50/60   C60/75

C70/85   C70/85（组合截面）

图1

图2, 图3
图4

图1 米兰安联大厦
© Alessandra Chemollo
图2 米兰安联大厦典型楼层平面图（红框内区域仅显示23层和49层腰桁架的位置，红字表示分析比较垂直位移的部位）
图3 混凝土按照不同的使用部位分级
图4 各不同部位随时间变化的收缩变形

两个抗剪钢筋混凝土核心筒位于建筑物长边的两端，占用空间为5.8 m×20.6 m（图2）。

连续的200 mm厚的钢筋混凝土板覆盖着中央4 m长、侧边8 m长的区域，这些都是由跨度6 m、高度450 mm的周边T形梁，以及连续的跨度12 m、高度500 mm的中央T形梁支撑。

钢筋混凝土用于所有的楼板与核

心筒：用于不同部位的混凝土分级如图3所示。外柱圆形截面的直径范围在0.65~1.2 m之间，中心巨柱的直径范围在0.85~1.7 m之间。根据意大利建筑规范要求，部分减小的尺寸需要使用C70/85级高强混凝土。同时，使用允许范围内（$\rho_{smax} \leqslant 4\%$）的最大钢/混凝土配比。此外，复合部分内柱至少需达到4级，外柱达到21级，以在极限状态下提供足够的支撑力。

两个特殊的周边桁架系统被设计用来保证抗剪切核心筒更好地连接，并限制由于侧向荷载导致的位移，这套系统由两个腰桁架组成，每个在转角处连接核心筒。第一个周边桁架放置在中间高度，即23层和26层之间，由两层钢桁架梁组成，而第二个桁架是预应力钢筋混凝土墙梁，放置在建筑物的顶部，即49层和50层之

间。图2中的红色框显示了两个腰桁架的规划位置，这种特殊的结构被设置在23层和49层，与标准层区分开来。

周边桁架系统是为了提高结构体系抗侧向荷载的性能，特别是在整体几何长细比为18.9的最小惯性方向。

最后，四个漆着金漆的外部钢结构压杆，在建筑中等高度伸出，连接到地面，而在墩座顶端的每个压杆底座，安装着两个双向黏滞阻尼器，有助于减轻由风引发的谐振分力影响，从而提高建筑的舒适度。

由于大量使用钢筋混凝土的结构元素，结构系统可以被定义为"局部不均匀混合"，主要在于23—26层的钢腰桁架。

2 结构分析

借助商业软件MidasGen，通过局部和

整体有限元模型进行了结构分析，根据不同的极限状态，结构分析具有不同的特点。特别是进行了施工阶段分析，来研究混凝土的长久性能及其与钢元素的相互作用的影响。为了量化由于风和地震的横向荷载所造成的影响，我们使用了一个整体性弹性模型。此外，我们还采用了具体的局部模型来进行结构单元的应力分析、开裂极限状态评估，结构设计的非弹性分析，以及板结构构件的抗弯能力验证。

混凝土长久性能的影响必须被彻底量化，以加强在施工过程中发生的垂直位移的精确补偿，从而显著降低整体缩短效应。我们假设 CEB-FIP 标准 90 可以描述混凝土的徐变和收缩变形的演变（CIP-FIP，1993）。收缩变形受钢筋含量的影响，可以观察到，由于钢筋含量更高，收缩对柱子的影响比对核心筒更少（图 4）。此外，柱子的初始轴向应力高于核心筒的初始轴向应力，因为对柱子而言，其附属于构件的辅助面积与构件本身的面积之比更大。

考虑到构件截面的不均匀性，也就是所谓的减少松弛函数（Reduced Relaxation Functions）（Mola，1993），通常被用来评估应力随时间从混凝土（虚线）到钢（实线）的迁移，得到不同的含钢率（图 5）。

3 施工阶段分析

基于这些对材料性能和截面的假设，可以使用 MidasGen 软件对施工阶段和持续时间进行准确再现来分析施工步骤。结果模型包含了复杂的流变特征，这是混凝土所处不同阶段以及钢 - 混凝土复合材料垂直构件的截面不均匀性所导致的。这一模型对施工阶段的垂直位移、混凝土和钢筋部分应力的重新分配以及垂直位移的长期预报而言，提供了可靠的结果。软件提供的结果通过对比非齐次系统的黏弹性理论的基本方程，其理论方案被证实有效，可用以简化从整体模型中提取的结构子方案（Mola，1993；CEB，1993）。

施工阶段分析的初步结果指出，两个周边桁架最初设计的是钢腰桁架（在建筑物的顶部和中间高度处），在其垂直位移之间存在显著的不连续性，这是钢筋混凝土柱和钢梁之间明显的塑性不均匀性以及桁架的相应刚度导致的结果。图 6 展示了钢腰桁架对混凝土构件侧向收缩引起的变形的约束效应。

4 经过分析后的设计调整：一个组合结构

为了减少这些影响，减少核心筒和邻近柱子之间垂直位移的差异，在之后的设计阶段，设置在顶层的周边桁架体系被两个预应力钢筋混凝土墙梁代替，通过嵌在钢筋混凝土核心筒壁断面的对角钢构件连接到核心筒（图 7）。这个设计上的修改提供了整体变形模式的改进，而且更为重要的是，显著简化了施工过程。

在图 2 和图 8 中，可以看到引入的"混合"方案，即上部混凝土周边桁架，降低了核心筒和相邻柱子之间（P05-P06-P07）、柱子与柱子之间的相对垂直位移。即使在"混合"方案中，钢腰桁架的连接程度中出现的核心筒和柱子之间的位移差异也不能忽视。事实上，钢构件不能

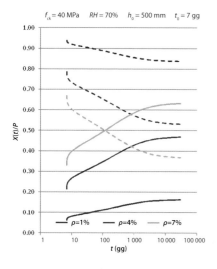

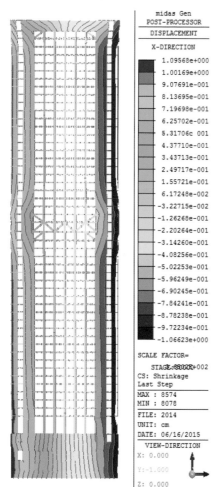

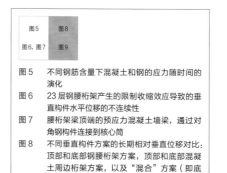

图5　不同钢筋含量下混凝土和钢的应力随时间的演化
图6　23层钢腰桁架产生的限制收缩效应导致的垂直构件水平位移的不连续性
图7　腰桁架梁顶端的预应力混凝土墙梁，通过对角钢构件连接到核心筒
图8　不同垂直构件方案的长期相对垂直位移对比：顶部和底部钢腰桁架方案，顶部和底部混凝土周边桁架方案，以及"混合"方案（即底部钢腰桁架和顶部混凝土周边桁架）
图9　钢腰桁架应力

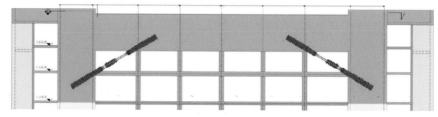

> 采用预应力钢筋混凝土墙梁代替钢制周边桁架，这个设计上的修改提供了整体变形模式的改进，而且更为重要的是，显著简化了施工过程。

缓解垂直构件引发的位移差异所引起的应力模式，从而产生显著的应力集中。

此外，钢构件对板的收缩变形形成了强大的抑制，这会产生不可忽略的张力。图9中显示出了桁架单元的轴力和弯矩图，内部运动的时间变化已被标记出来。

上部预应力混凝土腰桁架系统的特性是不同的：由于相较于板，桁架使用的混凝土等级更高，每个墙梁因为其收缩变形较小，所以其仍起到对连接板的变形约束作用。同样，由于腰桁架和柱子都是由混凝土制成，其变形差异小于钢腰桁架和板之间发生的变形差异。此外，混凝土良好的耗散性能降低了随时间变化的变形差异产生的应力。

需注意，第一种模式主要是沿建筑弱轴弯曲，第二种模式主要沿强轴弯曲，而第三种模式大多是扭转。

为了标出尺寸，结构设计遵照意大利建筑规范 NTC 2008。规范对于以性能为主的地震荷载方法，要求在设计阶段考虑由特定的荷载组合提供的两个主要状态——极限状态（ULS）和正常使用极限状态（SLS）之下的最大基础剪力和最大弯矩。特别是，对于 ULS 来说，必须校验两个被称为"生命安全"和"坍塌防护"的条件。在这种情况下，假设 q 值 1.5 被用于 SLS 的设计频谱，q 值 2.88 用于 ULS，以此考虑结构系统整体耗散力（图9）。

设计对风诱导振动也进行了仔细研究，以保证使用的舒适性。当风沿着建筑物的长边吹过时，大厦对横风的影响特别敏感；同时，对于沿弱轴的风荷载的敏感度被扭转效应提高了，这在第三种模式下显而易见。

此外，由于建筑物高细的建筑特征，根据国际标准，大厦的估计阻尼值约在

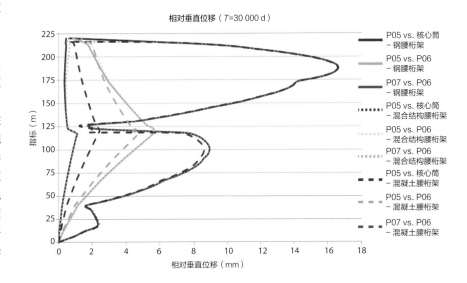

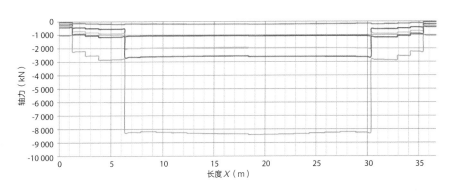

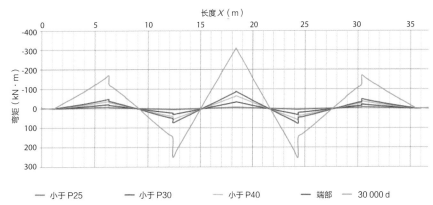

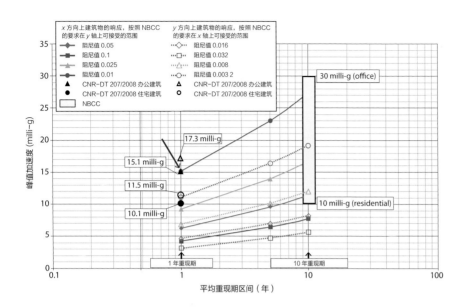

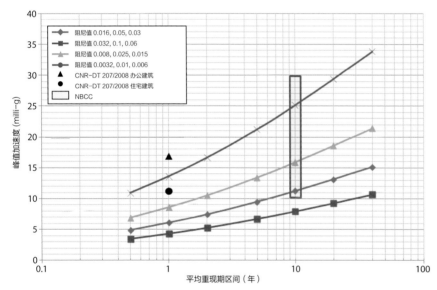

表1　有无阻尼器配置时的实验模态阻尼估计

试验模式 #	阻尼（%）（无阻尼器）	阻尼（%）（有阻尼器）
模式 N.1	0.50	0.58
模式 N.2	0.48	1.5
模式 N.3	0.35	1.03
模式 N.4	0.30	0.40
模式 N.5	0.52	0.77

图 10	图 12
图 11	图 13

图 10　1 年重现期与 10 年重现期的峰值加速度和阻尼范围，与 CNR-DT207 / 2008 规定的住宅建筑和办公建筑的要求相比较

图 11　风洞实验得到的最大峰值加速度，与 CNR-DT207 / 2008 规定的住宅建筑和办公建筑可接受的范围相比较

图 12　安联大厦安装在钢支柱底座上的黏滞阻尼器

图 13　阻尼器理论预期性能图

5 cm/s²。这一赋值定义了附加阻尼装置的设计出发点。

与欧洲标准编纂中所获得的结果相比，最大加速度值的计算也始于风洞试验，这在初步设计阶段已经实施。从可用的风洞数据出发，无论是在均方根（RMS）还是在峰值方面，最大加速度在 x 轴和 y 轴方向都进行了计算。所得到的结果与欧洲规范方法进行了确认。在 x 轴方向上，一个 1% 的阻尼和振动频率与第一种模式相关联，结果是在 CNR 可接受范围的最高点，而在 y 轴方向，一个 1% 的阻尼和振动频率与第二种模式相关联，其值高于 CNR 住宅建筑所接受的范围（图10）。基于风洞试验数据的估计值低于基于 EC 编纂 的估计值，后者更保守；即便如此，在 10 cm/s² 左右，它是允许最大加速度的 200%。由风洞试验所得的 x 轴方向最大加速度值绘制了不同的阻尼等级，如果额外提供一个 0.01 的模态阻尼设置（绿色线），最大加速度则减少到低于 5 cm/s²（图11）。

这样设计的阻尼器由于长时间暴露在"设计"风值中，因此充分利用了其耗散能力，此时阻尼器被认为是完全有效的（例如，达到设备的设计工作温度），第二

1%，这进一步降低了其抑制风致振动的能力。由此，在设计阶段引入额外的阻尼装置，以保证在风荷载下的高性能水平。

5　规范推动了新颖阻尼系统的设计

为了保证大厦在使用寿命内居住舒适，预先的设计要求条件比较严格：顶层允许的 1 年重现期风致最大加速度设置为 5 cm/s²。此值对应于相同条件下建筑物没有额外的阻尼器时 x 轴方向 50% 和 y 轴方向 30% 的预期加速度。

所要求的值处于意大利标准 CNR-DT207 / 2008 规定（CNR，2008）可接受的范围内，这是世界上最严格的标准（图10）。在图中，根据 EN 1991-1-4（欧洲标准化委员会，2005）标准中的方法，计算 1 年重现期和 10 年重现期的最大峰值加速度，与 CNR 以及与加拿大国家建筑规范（NBCC）（加拿大建筑和消防规范委员会，2010）可接受的值相比较。

不同等级的阻尼情况下，由于横风影响（y 轴方向）预计会产生的加速度（x 轴方向）被计算出来，如图10所示。对于一个 1% 的阻尼值（例如，建筑物固有的滞回阻尼），加速度（紫线）略高于 CNR 可接受的限度，而在 NBCC 可接受范围内的最高点。另一方面，如果能提供一个 10% 左右的阻尼值，预期加速度则降低到

种和第三种模式名义上的附加阻尼设置为不低于9%。如果阻尼器被假定为在极端和长期的风力条件下失去50%的效率，附加阻尼在同一模式降低至6%，仍足以在CNR办公建筑可接受范围内有效提供减少的最大加速度。

安装的阻尼器符合EN 15129，同时使用一种特殊的矿物液体，充分润滑阀门，增加使用寿命和可操作性。在设备安装之前，必须对样机进行大量的实验室测试：根据EN 15129要求，并整合了美国联邦应急管理署（FEMA）的标准进行了风力

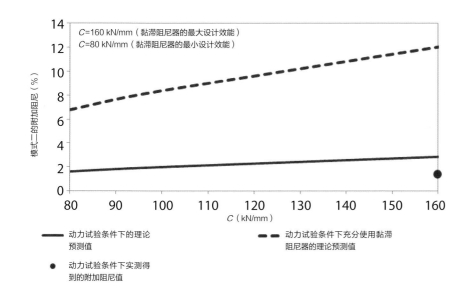

测试，这一测试也被用来评估预期的整体阻尼值。这样设计出的阻尼器，在地震刺激下仍能有效，即使不考虑其因降低了侧向力而对结构整体抗力设计作出的贡献。

为了在地震条件下也有效，阻尼器配备了一个双向液压回路，针对使用寿命和极限状态操作具有不同阀门，这出于两种荷载条件下大不相同的速度。结构钢部件的设计重点是韧性和厚度方向性能，每个支座铰接处的公差和间隙都很小。每个组件的生产、安装和操作都按照严格的监控和测试制度执行。阻尼器最终被安装在钢支柱的底座上（图12）。

6 施工结束后的验证

大厦在施工结束时，进行了动态测试，根据OMA（运行模态分析）方法（Ewins，2001），实验得出了建筑物的整体动力特性（如固有频率、振型和阻尼）。实验测试进行了两种不同的配置，带有外部黏滞阻尼器和不带外部黏滞阻尼器，从而可以更好地了解设备的操作性能。

测试所提供的带有阻尼器的模态阻尼估值的报告记录在表1中，并且和那些没有配置阻尼器的进行对比。可以观察到，对于模式二，阻尼器增加了3.1倍阻尼；对于模式三，增加了2.9倍阻尼。这些估计证明，阻尼器有助于选定模式的设计要求被实现了。之后绘制了阻尼器的理论性能曲线（图13）。

图13中的垂直轴上，绘制了模式二中理论附加阻尼与C常数（用于定义阻尼器的不同操作条件）的对比。虚线代表在测试条件下（例如，比设计水平更低的振动水平，用实线表示）阻尼器的附加阻尼预测值。从实线可以看出，C=160（kN/mm）时的理论预测值非常接近测试条件下实测的性能点（用红点表示）。

通过这些测试，实现了一个对阻尼装置的额外验证。根据欧洲标准的疲劳和循环荷载要求，该设备已经经历了广泛的实验室测试，但是OMA测试提供了独特的机会，从而能够查看其现场安装后的操作性能。■

参考文献

CANADIAN COMMISSION OF BUILDING AND FIRE CODES (CCBFC). National Building Code of Canada 2010 (NBC 2010)[S]. Ottawa: National Research Council Canada, 2010.

COMITE EURO-INTERNATIONAL DU BETON (CEB). CEB-FIP Model Code 1990: Design Code[S]. London: Thomas Telford, 1993.

CONSIGLIO NAZIONALE DELLE RICERCHE (CNR). CNR-DT207/2008 – Istruzioni per la Valutazione Delle Azioni e Degli Effetti del Vento Sulle Costruzioni[S]. Rome: CNR, 2008.

EUROPEAN COMMITTEE FOR STANDARDIZATION (CEN). EN 1991-1-4: 2005 – Eurocode 1: Actions on Structures – Part 1-4: General Actions – Wind Actions[S]. Brussels: CEN, 2005.

Ewins D J. Modal testing, theory, practice, and application[M]. Second Edition. Baldock: Research Studies Press Ltd, 2000.

IL MINISTRO DELLE INFRASTRUTTURE. NTC2008 – Norme Tecniche per le Costruzioni(D. M. 14.01.2008)[S]. Rome: Il Ministro delle Infrastrutture, 2008.

Mola F. The reduced relaxation function method: An innovative approach to creep analysis of nonhomogeneous structures[C]//Proceedings of the International Conference on Concrete and Structures, Hong Kong. Singapore: C I Premier Pte Ltd, 1993.

图表（图13）：
- 纵轴：模式二的附加阻尼（%），范围0–14
- 横轴：C（kN/mm），范围80–160
- C=160 kN/mm（黏滞阻尼器的最大设计效能）
- C=80 kN/mm（黏滞阻尼器的最小设计效能）

图例：
- —— 动力试验条件下的理论预测值
- ---- 动力试验条件下充分使用黏滞阻尼器的理论预测值
- ● 动力试验条件下实测得到的附加阻尼值

利用"隐藏"的线索设计"地标"建筑：因地制宜设计中国大型复合功能建筑综合体

文 / 李筌泓

在当今中国，高层建筑热潮逐渐从一线城市转移到二三线城市，通过战略选址、体量规模、混合重要功能并且对社会、经济和环境产生重大影响，高密度的垂直都市项目正塑造着二三线城市的形象。于此同时，在已建设大量摩天大楼的城市中，设计师们通过"旧改"来表现出延续文化和整合历史文脉结构的新意识。两者都塑造了清晰的城市建筑形象，具备广泛多样的功能，提供了便利的城市交通网和宏大的规模感，这些特征与建筑一起因地制宜地呼应了当地风格。实现以上要求的项目将会成为21世纪的城市标杆，且不会抹去承载着文化历史的建筑，而是与之共存。

作者简介

李筌泓是 CallisonRTKL 的副总裁，也是 2016 年在珠江三角洲召开的 CTBUH 国际会议专家指导委员会的成员。他在商业、零售、复合功能建筑以及市政设计中有超过 10 年的设计经验，对设计各个阶段有深刻见解。他曾在多家具有国际声望的国际设计公司工作，有着丰富的专业经验，并将这些经验应用于 CallisonRTKL 的项目。此外他还善于利用积极主动的态度和热情鼓舞团队完成设计项目。

李筌泓 副总裁
CallisonRTKL
中国上海太仓路 233 号铂金大厦 17 层
邮编：200020
t：+86 186 1637 0078
f：+86 21 6157 2801
e：Quanhong.li@callisonrtkl.com

1 "隐藏"的规划逻辑驱动着设计

在设计大规模的多功能项目，特别是其中含有大量商业建筑时，项目的总体规划设计就显得尤为重要。通常在商业项目中，设计的主体驱动力是金融模块，其他模块让位于此并与之协调。其中最主要的课题是如何激发商业中心的活力：这个项目的市场定位究竟是什么？这个商业建筑的体量需要做到多大？应该摆放在地块中的什么位置？商业模式应是怎样的？设计团队必须预先提出并解决这些问题，才能接着去考虑办公、酒店和住宅塔楼的设计与位置。

长沙梅溪湖金茂广场（图1）就是一个以商业为设计起点的好例子。这个购物中心需要至少 10 万 m² 的场地，主要朝向城市主干道，以期获得足够的城市景观，其中一个重要出入口直接与地铁相连，吸引了源源不断的客流。主广场大厅直接引导人流通向地块的另一侧，还连接着两个本项目的地标建筑双子塔，同时紧挨着由扎哈·哈迪德建筑事务所设计的梅溪湖文化中心。豪华酒店和办公楼位于地块南边，正对湖景（图2）。塔楼的裙房涵盖酒店功能，也面对湖水，视野开阔。双子塔办公楼南北两幢在位置上彼此有所错开，避免了这两幢建筑的直接对视。余下地块规划了住宅塔楼，形成两个风格不同的社区，都极大地利用了湖边景观。

成都银泰中心同样也是一个在全局设计中优先考虑商业布局的优秀案例。该项目总体开发面积为 54 万 m²，其中商业中心部分由 16 万 m² 的地上部分和 3 万 m² 的地下部分组成。同样，这个项目依旧是将大部分总建筑面积让给商业，以激活整个购物中心。

该项目坐落在成都南部，位于天府大道和金融区中央公园的交汇处，占据着重要的战略地位。这片金融区地图上清晰地显示了该地段的重要部分：最有价值零售商业朝向北面最重要的城市干道天府大道；坐落在地块北侧的公园拥有良好的城市景观和绿色植被，为整个社区的行人和体育活动提供开放的空间（图3）。

考虑到这些活动都有强烈的边界性，设计团队首先沿着地块西侧和南侧划出了购物中心的主要朝向，然后设计出一条内部道路，从地块的西南角落一直连通到地

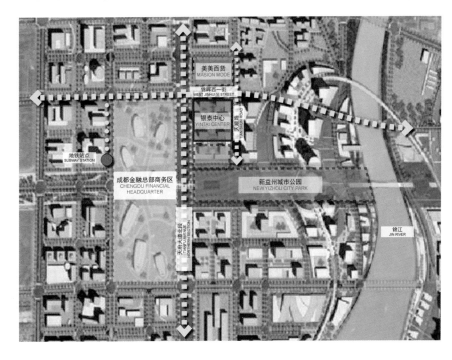

图1

图2

图3

图 1　长沙梅溪湖金茂广场

图 2　长沙梅溪湖金茂广场的办公塔楼，正对着梅
　　　溪湖，文化中心在其右边

图 3　成都银泰中心区块图

在设计之时还须考虑要减少大体量商业裙房对老建筑所造成的不良影响。所以，为了分散这种巨型体量，项目设计了两条小路将 3 个街坊分开。

块的东北角，这里包含了商业中心的主要大堂并且在地块的中心设立了一栋塔楼。为了充分利用南面朝向公园的景观，地块的南边设置两栋 180 m 高的豪华公寓塔楼，总建筑面积达 10 万 m²，面朝公园。另一栋 220 m 高的塔楼，由 10 万 m² 的豪华公寓和华尔道夫酒店组成，坐落在天府路边上地块的最显眼位置，直接面对着中央公园。最后，地块东北角还设置了两栋 200 m 高，总建筑面积 16 万 m² 的办公塔楼，成为该地块的门户（图 4）。

前面的两个项目都体现了新的建筑条件就应该形成地块的新特性。下面的第三个项目则表示，在一个已建有密集摩天大

厦的城市里所应该考虑的各种问题的不同优先级。上海苏河湾安康苑项目作为上海中心区一个城市旧改项目，是一个非常有趣和复杂的案例。该项目坐落在静安区，南至海宁路，东至河南路，由6个街坊组成，其中沿着海宁路的3个街坊是复合商业开发，而在地块北面的2个街坊是住宅开发，沿着东侧边缘的1个街坊是小学。

该项目最独特的挑战是保留了现存最大面积的老上海风格旧弄堂建筑（石库门），其中所有的建筑都被要求保存并且重塑新的商业功能，且需要完好无损地保留其中一些特别重要的建筑。其他一些次重要建筑则可以重新在场地开发地下车库和地下商业时重建。

如同其他项目一样，这个项目也拥有大型的商业部分，达15万 m²。与别的项目类似，虽然要另外考虑建筑保护的事项，但是商业的设计依旧是重中之重。不仅如此，在设计之时还须考虑要减少大体量商业裙房对历史建筑所造成的不良影响。该项目也应充分利用可能的空间发展地下商业，此举不会违反容积率限值。所以，为了分散这种巨型体量，项目中沿着海宁路设计了两条小路将3个街坊分开。

在地下，2层商业区面积为9万 m²，将三个街坊联系在了一起，形成连通的空间，同时也避免了破坏这片历史保护区。大型商业的楼层设置可以吸引主力租户在零售商业主干区域的两端。剩下的6万 m²商业区分布在3个街坊里，涵盖地面上新增体量的2至3层，与周边环境协调，形成了更加愉悦的购物体验（图5）。

项目中还设计了两栋超过220 m的办公塔楼，位于海宁路的商业轴线两端，可以源源不断地向商业区输送大量人流。两栋150 m高豪华公寓塔楼坐落在海宁路边，可以减少来自北面周边住宅建筑的阴影影响，同时为整个项目的轮廓增加动态层次。在每一个街坊，地上商业街区顶上都会有一个大型玻璃屋盖，采光直通地下2层，此举产生了一个特别、有效且愉悦的购物体验，并且还有24小时室外开放空间和人行街道保护着"石库门"。顺着地块北侧的3个街区还新建了一条户外生活娱乐街，联合地面层的人行通道将3个街区联系在一起，也保护了"石库门"聚落，保存了丰富的建筑历史遗产，增加了沿途的建筑艺术。这些措施都增强了游客与当地居民的体验（图6）。

2 当地"隐藏"的文化和地理特征启发设计

总体规划确定之后，设计团队开始用严谨的分析设计方法，挖掘基地的特性，探索当地背后的文化和地理景观特征，展现出城市和该地块的历史记忆，丰富体验，利用设计手段来实现这些效果，创造出令人印象深刻的城市地标。

有时，在这种大规模建筑群的设计中，一些精妙的思路不容易被立刻发现。

| 图4 | 图6 |
| 图5 | 图7, 图8 |

图4 从西南方向眺望成都银泰中心
图5 上海苏河湾安康苑
图6 上海苏河湾安康苑平面规划图
图7 长沙梅溪湖金茂广场的"水晶砂"概念设计手绘图
图8 以街道视角眺望成都银泰中心

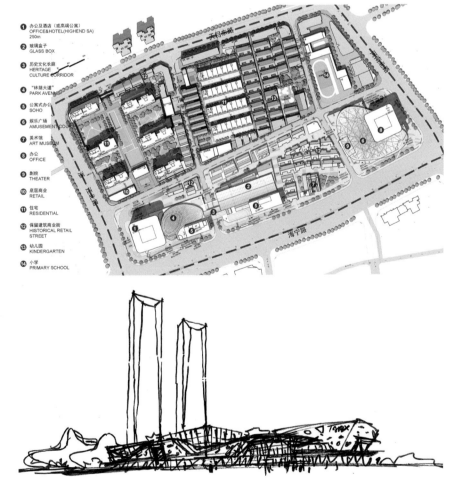

在设计长沙梅溪湖金茂广场项目时，设计团队针对区域的历史进行了透彻研究，并集中采访了长沙当地的文化背景，还和当地学者、艺术家深入对话。这种深度解读自然而然地产生了优秀的建筑理念。

长沙的地质在古书中被称为"水晶之地"，在湘江千百年的冲刷下，各层石英、砂岩、粉砂岩、沉积岩和页岩形成了太古时代的沙洲。

"湘江的水晶砂"展示出了塔楼造型上的侵蚀感，隐喻着湘江水流冲刷的剩余部分。水晶砂形状的塔楼以及商业区流动的造型，成为整个项目的标志，给到访者留下深刻印象（图7）。

成都银泰中心的整体建筑设计概念也是从当地独特的文化和生活方式中演化而来。四川省省会成都是中国的休闲之都，"愉快的生活"是成都式生活方式的文化精神所在，也是这一项目概念设计的出发点。成都人非常认真地对待他们的文化遗产，"美味"、"优雅"以及"复杂"是项目设计团队提炼出来的关键词，用以使项目设计贴合当地的文化精神。

蜀锦是当地文化的重要符号，它启发了我们设计裙房和塔楼的灵感，塔楼和商业裙房造型柔软流畅，明亮耀眼的水平金属翘片以纤细的方式组合在一起，与垂直的深色石材条搭配在一起。浅灰色的玻璃幕墙营造了富有生趣的塔楼立面，正如蜀锦艺术表现出的感觉。当视角改变后，建筑的图景也跟着变化，形成一幅动态的画面（图8）。

上海安康苑项目要求既要发掘场所精神，也要尽可能保留那些被选中的历史建筑。基地靠近苏州河流入黄浦江的交汇点，以悠久的文化艺术价值而闻名。在保护历史建筑的指令下，设计中的重点是创造一个新的城市地点，它既前卫充满未来感，又讲述着过去的故事，流露出精彩的文化体验。设计团队构思了城市中的"秘密花园"这样一个概念，提供了一种"上下颠倒"（主要的商业空间被安排在地下）和"里外反串"（老旧建筑的外立面转换为室内的商店形象面）的风格。

设计团队同时认为项目是一只在苏州河中穿行于过去和未来之间的小船，就像王家卫的电影《2046》描述的那样，人们乘坐一辆火车旅行到未来，为了寻找丢失的记忆。当代的一艘船（新建的综合体）穿行于脆弱的记忆（石库门）之中，这一设计概念启发了设计灵感，也定下了设计的基调（图9）。

3　城市设计导则以及当地历史遗产生成设计

在项目的早期阶段，法规和规划要求常常会对项目最终的呈现产生巨大的影响，包括分区要求、基地覆盖率、航空限高、容积率以及绿地率都是重要的影响因素。与此同时，场地中现存的任何物品毫无疑问将引导着项目的内在灵魂。法规、商业法则以及历史文脉的互动，驱动着一个新项目的未来方向。

以梅溪湖金茂广场为例，尽管项目是一个当代建筑，但场地已存在很强烈的历史文脉。梅溪湖文化中心是这块场地的第一个项目，设计师受到了当地的木芙蓉花的启发，这一建筑流动的形式赋予了项目独特的性格。

文化中心这一强烈的概念对金茂广场项目产生了巨大的影响，因为两个项目共享同一标高上的步行路径，也共享景观概念。另外，两个项目的地下通道成为各自的停车和服务设施的出入口。

尽管 CallisonRTKL 是金茂广场项目的开发商金茂集团任命的建筑设计团队，但是扎哈·哈迪德建筑事务所是当地政府选中的文化中心的建筑设计公司。当 CallisonRTKL 着手开始概念设计和总图设计时，文化中心项目已经在施工图设计阶段。扎哈·哈迪德建筑事务所先前提交的大规划总图中，金茂广场地块中的两栋超高层塔楼布置在了远离文化中心的位置，以避免塔楼对文化中心造成不良影响。但是长沙市规划局对此有不同的看法，考虑到金茂广场的双子塔和文化中心都是非常重要的项目，一个是商业地标，一个是文化地标，作为长沙市最有前景的开发区湘江新区的核心位置，可以有商业-文化双地标。同时将 238 m 高的双子塔布置在东侧靠近文化中心的另外一个好处是，可以遮蔽场地西侧一部分立面凌乱的老旧住宅（图10）。

当设计团队初步定下塔楼的位置后，文化中心团队强烈反对我们选定的新位置。直到金茂广场设计团队经过一整年的研究，提供了详尽的日照轨迹分析后这一方案才被接受。分析表明，双子塔在夏日的午后将为两个项目之间的公共活动空间

图9 上海苏河湾安康苑的高楼融入到了老建筑形成的地平线中
图10 长沙梅溪湖金茂广场两幢双子塔楼的位置，经过了大量的现场研究和谈判才得以最终确定
图11 长沙梅溪湖金茂广场塔楼位置的研究分析图
图12 上海苏河湾安康苑，当代设计与保存下来的历史建筑交相汇融于同一幅城市图景中

设计团队构思了城市中的"秘密花园"这样一个概念，提供了一种"上下颠倒"（主要的商业空间被安排在地下）和"里外反串"（老旧建筑的外立面转换为室内的商店形象面）的风格。

提供良好的阴影遮挡，在冬日则有充分的阳光温暖这个区域。

从建造设计的角度来看，如何处理双子塔的形状是一个挑战，两个项目之间既有强烈的对话又需要保持独立的个性。这是一个值得认真处理的问题（图11）。

作者的团队仔细平衡着"水晶砂"概念与保持形式平淡简洁之间的关系，避免塔楼的形式感凌驾于文化中心的动感形态之上。塔楼玻璃幕墙的流畅感源于规避了可开启的窗扇，而改用机械通风。经过这样的处理，两者可以被描述为"无机与有机"、"简单和动态"、"垂直和水平"之间的对话。

上海安康苑项目的形态也有着强烈对话感。大型历史遗迹石库门社区与新建建筑之间的强烈对话感是该项目最易识别的特征。

保留下来的街道、小巷、不同时期的建筑与历史文化遗产一起，赋予上海独特的魅力。通过优化设计，传统里弄（小巷）和现代集中化的商业汇融，并实现互利共赢。消费者和游人在这里既可以体验到当代商业空间中的老上海，同时也可以在漫步于老建筑之间时体验到未来大都市的活力（图12）。

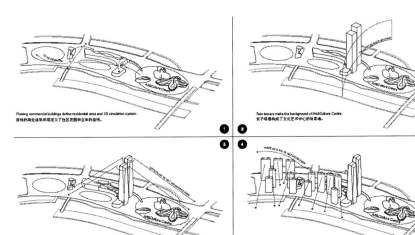

Flowing commercial buildings define residential area and 3D circulation system.
流动的商业建筑重定义了社区范围和立体的面向。

Twin towers make the background of Art&Culture Centre.
双子塔楼构成了文化艺术中心的背景。

① ②
③ ④

Crystalize architecture to get better view and iconic image.
晶年化的建筑造型使得建筑获得全方位的良好视野和标志性的意象。

Wave residential's skyline to make more rooms get lake view.
住宅楼波动的天际线被设计来生产更多的户外景观面。

4 结论

设计大规模的复合功能综合体项目时，脱离当地文脉，在外表设计上下功夫以实现"地标"建筑并不是最优的设计程序。相反地，通过勤奋的工作发掘深埋场地中"隐藏"或者"不可见"的因素——社会、文化、经济、历史、地理等，可以找到强烈的核心理念，该理念也会在设计过程中逐渐成为建筑主导。这一过程常常不是"自然而然"发生的，而且必须要进行滋养和保护，此举在中国的城市建设中尤为重要。中国城市的开发项目速度太快而且常常有各种各样的不良动机使得建设人员忽略这些需要研究的细节，仅仅把项目当做单纯的商业项目来做。这种设计方法能促使综合建筑群成为新的城市地标，创造新的吸引力，并加大城市密度，还可以给予到访者与众不同的体验和深刻印象，在经济、社会和文化方面都将产生巨大影响。■

2016：又一个全球高层建筑竣工数量破纪录年!

报道：Jason Gabel，CTBUH
研究：Annan Shehadi，Shawn Ursini 和 Marshall Gerometta，CTBUH

提示：为更深入地理解本文，请参见本书 46-47 页《高层建筑数据统计——全球高层建筑图景：2016 年成就》。

世界高层建筑与都市人居学会（CTBUH）确认，2016 年全球共建成 128 座高度超过 200m 的高层建筑，这个数字刷新了年度完工高层建筑的纪录，并且是连续第三年打破世界纪录（图 1）。

更多亮点

◎ 2016 年建成的 128 座高层建筑打破了前一年的纪录（2015 年为 114 座）。如今，世界上超过 200 m 的建筑达到了 1 168 座，相比 2000 年的 265 座来说，增长率为 441%。

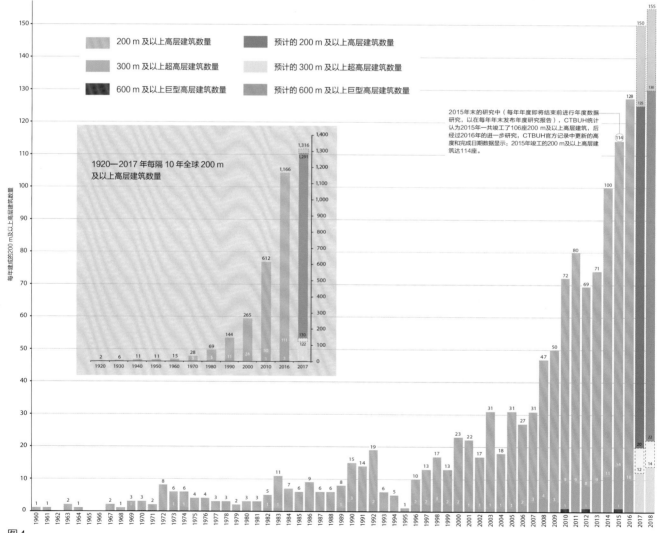

图 1

注释：
1. 由于正在施工的建筑的工期基本能被确定，因此我们能够较准确地估计出 2017—2018 年即将建成的建筑数量。但考虑到一些不确定性因素会影响建筑最终的建成时间，所以我们给出了一个建成数量的范围值以供参考。
2. 自 2001 年之后，200 m 以上建筑的总数量都不包含被撞毁的世贸中心 1 号塔和 2 号塔。

○ 2016 年共有 10 座超高层建筑（300 m 高及以上）完工，比我们去年此时预期的要少一些。部分原因是施工进度滞后，这在此类高度范围建筑的建设过程中是很典型的情况。然而，2016 年依然是超高层建筑建成数量第三多的年份，仅次于 2015 年的 14 座和 2014 年的 11 座。

○ 2016 年完工的最高建筑是广州周大福金融中心，高度是 530 m，是广州最高、中国第二高以及世界第五高建筑。

○ 2016 年亚洲仍然是世界摩天楼建设的中心，共有 107 座高层建筑建成，占全年世界高层建筑建成数 128 座的 84%。

○ 中东地区 2016 年建成高层建筑 9 座，北美地区这一年也有小幅提升，从去年的 4 座增长至 2016 年的 7 座。

○ 中国连续 9 年成为建成 200 m 及以上高层建筑最多的国家，2016 年建成 84 座（图 2），在 2015 年 68 座的年度纪录基础上，同比增长 24%。

○ 美国 2016 年建成 7 座 200 m 及以上高层建筑，位列世界第二，这个数字相对于 2015 年的 2 座已经是显著增长了。同时，韩国完成了 6 座，印度尼西亚完工 5 座，菲律宾和卡塔尔各建成 4 座。

○ 城市层面，2016 年深圳完工的 200 m 及以上高层建筑数量世界第一，共 11 座；中国的重庆和广州、韩国高阳市并列第二，都建成了 6 座。深圳完工的建筑总高度是 2 608 m（图 3）。

2016 年全球重点市场一览
亚洲（不包括中东）

亚洲的强劲势头已经持续了很多年，2016 年更上一层。这一年全球的 128 座高层建筑中，亚洲拥有 107 座，占全球总数的 84%（图 5）。这些建筑的大部分位于中国，中国是世界上拥有最多 200 m 及以上高层建筑（84 座）的国家（图 4），并且已经是第 9 保持这一纪录。中国有

31 个城市拥有至少一座已建成的 200 m 及以上建筑。深圳在所有城市中脱颖而出，拥有 11 座高度超过 200 m 的建筑。紧随其后的是重庆和广州。这两个城市各有 6 座已建成的超 200 m 建筑，再之后是成都和大连，各拥有 5 座 200 m 及以上建筑。

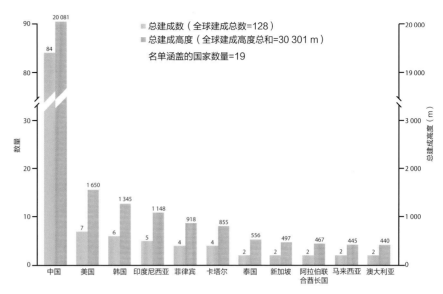

图 2

注：以下国家在 2016 年分别建成了 1 座 200 m 及以上的高层建筑：阿塞拜疆，巴林，日本，科威特，墨西哥，波兰，俄罗斯，沙特阿拉伯

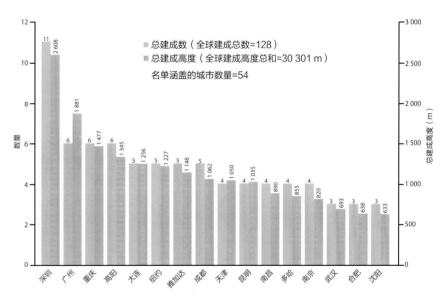

图 3

注：以下城市在 2016 年分别建成了 2 座及以下 200 m 以上的高层建筑：阿布扎比；巴库；曼谷；北京；波士顿；迪拜；长沙；佛山；福州；贵阳；杭州；泽西城；济南；吉隆坡；昆山；科威特城；柳州；马卡蒂；麦纳麦；墨尔本；墨西哥城；莫斯科；名古屋；南宁；宁波；青岛；利雅得；上海；新加坡；苏州；悉尼；塔吉格市；华沙；温州；厦门；西安；义乌；郑州

| | 图 2 |
| 图 1 | 图 3 |

图 1　1960—2018 每年竣工的 200 m 及以上高层建筑数量（2018 年为预测数据）
图 2　按国家分类统计的 2016 年 200 m 及以上高层建筑竣工数量
图 3　按城市分类统计的 2016 年 200 m 及以上高层建筑竣工数量

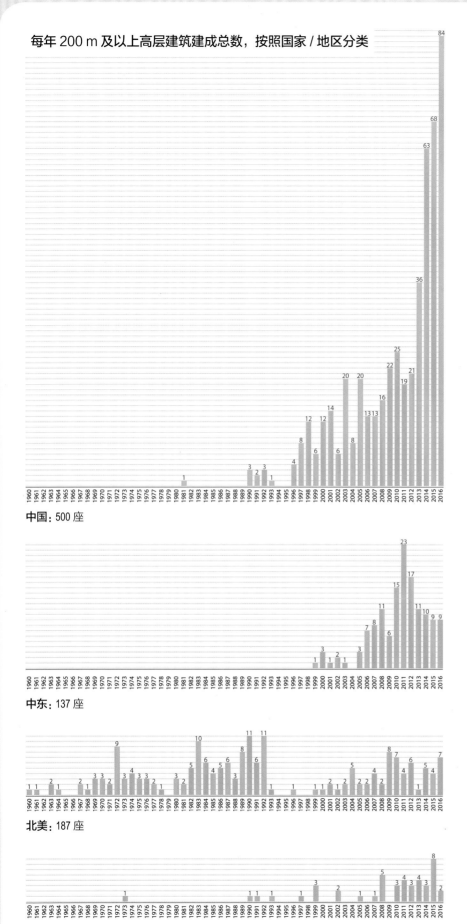

每年 200 m 及以上高层建筑建成总数，按照国家/地区分类

中国：500 座

中东：137 座

北美：187 座

欧洲：47 座

图 4

2016 年完工的最高建筑是广州周大福金融中心（图 8），它是位于广州的一座 530 m 高的地标性建筑，与广州国际金融中心一起，形成了很久以前就由当地城市规划部门设想和讨论的天际线二元结构。该建筑现在是广州市的最高建筑，中国（和亚洲）第二高建筑以及世界第五高建筑。我们十分有幸将该建筑作为 CTBUH 2016 年国际会议的广州会场，而与会代表也成为这座建筑的最早使用者之一，该建筑既是 2016 年国际会议的核心会场所在地，又是社交酒会的举办地。

韩国在 2016 年竣工了 6 座 200 m 及以上的高层建筑，排名世界第三，并且是其 2015 年建成数量 3 座的两倍。今年完工的全部 6 座建筑同属于高阳市 IISAN YOJIN Y 城市综合体项目，各建筑高度在 214~230 m 之间。

印度尼西亚仅次于韩国，有 5 座高层建筑完工，所有这些建筑均位于首都雅加达。伽马大厦以 285 m 的高度成为印度尼西亚和雅加达已建成的最高和最大体量建筑。

菲律宾建成 4 座超过 200 m 的建筑，相对于其 2015 年建成 1 座的情况来说，增长非常可观。塔吉格市（Taguig City）和马卡蒂市（Makati）各建成 2 座。最高的已建成建筑是塔吉格市的君悦都市中心（Grand Hyatt Metrocenter），现为菲律宾第二高建筑。

中东和非洲

中东连续第二年建成了 9 座超过 200 m 高的建筑。该区域保持了这一高层建筑的发展趋势，不过相较于 2013 年完工 23 座的历史最高纪录来说，2016 年还是略显逊色。2013 年的这波高层建筑的建设高潮要归因于全球经济衰退后的复苏。这也是自 2006 年以来中东首次建成超过 300 m 的超高层建筑，但是值得注意的是，这也说明了该区域超高层建筑的建成门槛已经发生了变化。乐观估计，2017 年中东将有 9 座超高层建筑落成。

对于该地区来说不寻常的是，这一年阿拉伯联合酋长国建成的高层建筑数量居然没有位列榜首。摘得桂冠的是卡塔尔，2016 年完工 4 座。阿拉伯联合酋长国只建成了 2 座，其次沙特阿拉伯、科威特和巴林各完成了 1 座。这一年完工的中东地区最高建筑是阿联酋珍珠丽晶酒店（Regent Emirates Pearl），该大厦位于阿布扎比，255 m 高，形状随着建筑物的上升每层扭转 0.481°，该大厦曾在 CTBUH 高层建筑数据统计在线研究项目"旋转式摩天大楼"（www.ctbuh.org/tbin/twistingtowers/）中作过介绍。

北美

2015 年北美仅竣工 4 座高层建筑（图 4），而 2016 年则强势崛起，全年建成 7 座，是 2010 年（也是 7 座）以来 200 m 及以上高层建筑完工数量最多的一年。所有这些建筑都位于美国本土，仅纽约就占了 4 座。这些建筑大多都是住宅性质的，只有一座为办公功能——哈德逊城市广场 10 号（10 Hudson Yards），268m。美国即将建成的最高建筑是公园大厦 30 号（30 Park Place），位于曼哈顿市中心，是高 282 m 的住宅与酒店大厦，塔楼低层是四季酒店，40 层以上是豪华公寓。这一年我们还见证了莱昂纳德街 56 号的开放，这座大厦在其建设过程中一直受到媒体的紧密关注，其"积木"式的设计将顶层公寓设于悬挑的楼板之上。

欧洲

尽管 2015 年大量高层建筑完工，2016 年却是 2009 年以来欧洲建成 200 m 及以上

| 图4 | 图5-图7 |

图 4	1960 年以来 200 m 及以上高层建筑建成总数
图 5	2016 年建成的 200 m 及以上高层建筑：按地区分类
图 6	2016 年建成的 200 m 及以上高层建筑：按功能分类
图 7	2016 年建成的 200 m 及以上高层建筑：按结构材料分类

建筑数量最少的一年（2 座），而 2009 年这个数字是 0（图 4）。今年 374 m 高的莫斯科沃斯托克大厦（Vostok Tower）建成，它是联邦大厦综合体项目中的最高塔楼，这座大楼于 2005 年开工，建设历时 11 年，如今终成欧洲最高楼。之前这一荣誉属于距离沃斯托克大厦仅仅几个街区之隔的 OKO 住宅大厦，此项目位于莫斯科城区，于 2015 年完工。欧洲另外一座完工的 200 m 及以上建筑是华沙之巅（Warsaw Spire），其高度为 220 m，代表着最新在波兰首都崛起的几个新项目，其高度在华沙城内仅次于 1955 年建成的苏联时代的文化科学宫（Palace of Culture and Science）。

澳大利亚

2016 年澳大利亚建成两座 200 m 及以上高层建筑，墨尔本的美景公寓（Vision Apartments）达到 223 m 的高度，悉尼的国际大厦 1 号塔（International Towers-Tower 1）高度则为 217 m。该国年度完工高层建筑的数量预计在下一年将继续增加，现有 11 座超过 200 m 高的建筑正在建设中或者封顶，其完工年份预计为 2017—2020 年。

中美洲

中美洲区域在 2016 年仅有 1 座超过 200 m 高的建筑完工，就是墨西哥城的改革大厦（见本书第 12 页"案例分析"）。这座 246 m 高的大厦被 CTBUH 授予 2016 年世界最佳高层建筑入围奖。它的结构配置另辟蹊径，其中一个立面是不透明的，而该建筑对于基地上原有历史建筑的保护，更是增加了其获奖筹码。该大厦目前是墨西哥城最高建筑。

竣工建筑按功能分类

有趣的是，2016 年建成的高层建筑从功能上的划分和前一年大致相同，占据最大比例的还是办公功能，共 67 座，占 52%，打破了去年 53 座的纪录（图 6）。同时，有 37 座是混合用途的建筑，占总数的 29%；而住宅性质的建筑共有 20 座，占总数的 16%。只有三座全部用作酒店功能，占总数的 3%。由于很多混合用途的开发项目中都有酒店功能，并且还担任关键要素，因此仅用作酒店使用的大厦数量这么少并不说明这种功能呈下降趋势。

按结构材料分类

2016 年采用混合结构体系的高层建筑的数量是有史以来最多的，共 68 座，占总数的 53%（见图 7）。混合结构代表着钢和混凝土性能最优化并克服了这两种材料各自的缺陷。因此，这种材料有望持续作为高层建筑的主导材料，尤其是高层建筑在地震活动区域（例如中国）的数量持续增长，而（在这些区域建设高层建筑）坚固稳定的结构措施是强制性要求。采用混凝土结构的高层建筑数量是 58 座，占总数的 45%。大量使用混凝土是由于这种材料比较普遍并且在许多区域造价低廉，而它应用于结构时又相对简单，因此对拥有大量低技术劳动力的区域吸引力很高。2016 年，没有任何一座 200m 及以上高度的建筑是采用全钢结构的。在高层建筑中对钢的使用几乎已经彻底过渡到混合结构了。在本文写作之时，仅有 19 座超过 200 m 高的在建建筑采用了全钢结构体系。

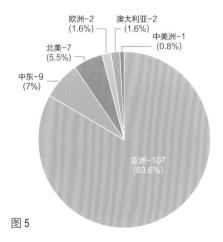

图 5

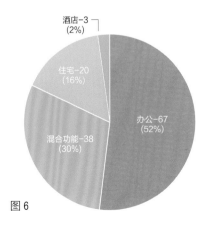

图 6

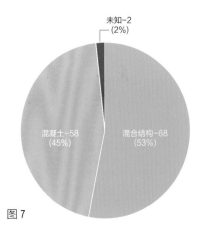

图 7

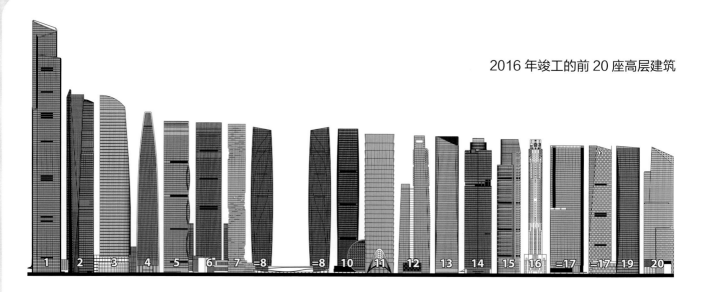

1
广州周大福金融中心
广州，中国
530 m（1 739 ft）

2
大连裕景中心 1 号楼
大连，中国
383 m（1 257 ft）

3
沃斯托克大厦
莫斯科，俄罗斯
374 m（1 226 ft）

4
天津现代城办公塔楼
天津，中国
338 m（1 109 ft）

5
环球都会广场
广州，中国
319 m（1 046 ft）

6
重庆国际金融中心
1 号塔
重庆，中国
316 m（1 037 ft）

7
大京都大厦
曼谷，泰国
314 m（1 031 ft）

=8
万达广场 1 号楼
昆明，中国
307 m（1 008 ft）

=8
万达广场 2 号楼
昆明，中国
307 m（1 008 ft）

10
深圳 CFC 长富中心
深圳，中国
304 m（997 ft）

11
京基滨河时代广场
深圳，中国
293 m（961 ft）

12
丹戎巴葛中心
新加坡
290 m（951 ft）

13
中国储能大厦
深圳，中国
289 m（947 ft）

14
伽马大厦
雅加达，印度尼西亚
286 m（936 ft）

15
高德置地广场南楼
广州，中国
283 m（928 ft）

16
公园大厦 30 号
纽约，美国
282 m（926 ft）

=17
天汇广场 C3
广州，中国
270 m（886 ft）

=17
西安绿地中心 1 号塔
西安，中国
270 m（886 ft）

19
华远国际中心
7 号塔
长沙，中国
270 m（885 ft）

20
哈德逊城市广场 10 号
纽约，美国
268 m（878 ft）

世界前 100 座高层建筑：2016 年的影响力（参考第 46-47 页）

2016 年，有 10 座建筑新进入了世界前 100 座高层建筑名录。值得一提的是，2015 年首次实现了所有列在世界前 100 座最高建筑名录里的建筑都是超高层建筑（300 m 及以上）。因此，2016 年进入该名录的所有 10 座建筑都是超过这个门槛高度的，并使得前 100 座最高建筑的平均高度由 2015 年的 357 m 上升至 2016 年的 362 m。在这个名录上，最矮的建筑是广州利通广场，高 303 m。

混合用途的建筑在世界前 100 座最高建筑名录内处于多数，有 41 座，与 2015 年的数量一样。与此同时，2016 年办公功能的建筑数量为 40 座，比 2015 年的 38 座略多。住宅和酒店功能所占份额较小，各有 12 座和 7 座。

世界前 100 座最高建筑名录中的建筑也主要采用混合结构，现在共有 53 座为混合结构，2015 年这个数字是 46。全混凝土和钢结构为主的建筑稍微有些减少，下降至 34 座混凝土建筑和 9 座钢结构建筑。

分析报告

世界范围内建成的 200 m 及以上建筑数量连续第三年创出新高（128 座），打破了 2015 年 114 座的前纪录。2015 年我们曾预计有 110~135 座高层建筑将在 2016 年完工，因此该破纪录的数据在摩天大楼界也是意料之中的。

图 8   2016 年竣工的前 20 座高层建筑

2016 年竣工建筑高度排名第 1
广州周大福金融中心，广州，530 m
2016 年竣工建筑高度排名第 2
大连裕景中心 1 号楼，大连，383 m
© NBBJ
2016 年竣工建筑高度排名第 3
沃斯托克大厦，莫斯科，374 m
© Igor Butyrskii
2016 年竣工建筑高度排名第 10
深圳 CFC 长富中心，深圳，304 m
© Cheng Chen
2016 年竣工建筑高度排名第 7
大京都大厦，曼谷，314 m
© PACE Development
2016 年竣工建筑高度排名第 14
伽马大厦，雅加达，286 m
© Westin

全球摩天大楼建设的蓬勃发展与中国迅猛的都市发展是不可割裂的。此外，在过去的七年中，中国房地产投资的总量也在上扬。这一状况与仍在降温的国家经济走势一起，导致有些言论推测史无前例的建设时代正在下行的趋势中。但是，也许那一天的到来还遥不可期，短期而言，建设热潮仍然高涨，中国目前有 328 座超过 200 m 高的建筑正在建设之中。

中国在高层建筑建设领域的领袖地位将永不会真正消退，唯一的问题是，它每年摘得高层建筑数量桂冠的地位能保持多久。2016 年最接近中国的竞争者也只建成了 7 座，而中国完成了 84 座，就算有可能缩小差距，也需要花上好些年头才有可能填平。本报道在突出中国现状的同时，最想揭示的事实是，深圳已经建成 11 座超过 200 m 高的大厦。这比中国之外的任何国家建成的高层建筑数量都要多，也创下了有史以来单个城市建成数量的新纪录。深圳的 11 座塔楼里，9 座是纯办公，余下的 2 座是办公加酒店或住宅，由此能清楚看出深圳的高层建筑的优先功能是什么。这些建筑都是战略性的，用于刺激当地和国家的经济与商业发展。作为经济特区，深圳涌动着许多国际灵感。高层建筑的发展理念即"楼盖好了，不愁客不来"，往后这赌注是否能结出硕果，让我们拭目以待吧。

"最高"称号在 2016 年也频频出现，有 17 座建筑成为所处国家、城市或区域的最高楼。以下列出其中一些：

沃斯托克大厦（374 m 高）建成后是欧洲、俄国和莫斯科最高建筑；

大京都大厦（314 m 高）建成后是泰国和曼谷的最高建筑；

广州周大福金融中心（530 m 高）建成后是广州第一高、中国第二高和世界第五高建筑；

改革大厦（246 m）成为墨西哥和墨西哥城的最高楼；

丹戎巴葛中心（290 m）现在是新加坡第一高楼；

伽马大厦是印度尼西亚和雅加达最高楼宇……

每一座大厦背后的驱动力都是一样的：对树立形象、身份认同的渴望（不论是为了商业还是整个区域），拓展天际线，适应都市人口增长，在最小的土地上实现功能最大化。

展望 2017

也许 2016 年的建筑竣工大潮最令我们感慨的不是完成了的那些，而是没有完成的那些。许多被 CTBUH 预估可以在 2017 年完工的超高层建筑都在 2016 年完成。学会 2015 年预测在 2016 年将完工的高层建筑实际上在 2016 年都完工了。如果把这些考虑进去，也同时知道大量超高层建筑正处于工程建设开发的后期，那么我们预计 2017 年将有 12~20 座超高层住宅建成，主要在亚洲和中东。

2017 年即将完工的最高楼是深圳平安金融中心，建成后将以 599 m 的高度取代周大福金融中心成为深圳最高建筑和中国第二高楼。

学会最初预测平安金融中心将成为 2016 年竣工的最高建筑，但是由于大厦最后的润色需要花时间，因此只能算在 2017 年里了。在韩国，555 m 高的乐天世界大厦也即将在首尔建成，有望成为韩国最高建筑，并在高度上远超第二建筑。该大厦的设计蓝图整合了大量功能，比普通高层建筑更丰富多彩，它包含零售、办公、7 星级豪华酒店和"办公酒店"，建筑最上部的 10 层被指定作为外部公共空间和娱乐设施，内含观景台和天台咖啡空间。

将于 2017 年完工的前 10 座高层建筑名单见表 1。■

表 1 将于 2017 年完工的前 10 座高层建筑
■ 亚洲   ■ 中东地区

排名	建筑名称	城市	层数	高度(m)
1	平安金融中心	深圳	115	599
2	乐天世界大厦	首尔	123	555
3	长沙国际金融中心 1 号塔	长沙	94	452
4	苏州国际金融中心	苏州	98	450
5	武汉中心大厦	武汉	88	438
6	Marina 101	迪拜	101	427
7	Capital Market Authority Tower	利雅得	76	385
8	南宁龙光世纪 1 号楼	南宁	82	383
9	大连国际贸易中心大厦	大连	86	370
10	The Address The BLVD	迪拜	72	368

表2　2016年竣工的200 m及以上高层建筑（128座）

□ 亚洲（107座）　■ 中东（9座）　■ 北美（7座）　■ 欧洲（2座）　■ 澳大利亚（2座）　■ 中美洲（1座）

排名	建筑名称	所在城市	层数	高度（m）
1	Guangzhou CTF Finance Centre 广州周大福金融中心	广州	111	530
2	Eton Place Dalian Tower 1 大连裕景中心1号楼	大连	80	383.15
3	Vostok Tower 沃斯托克大厦	莫斯科	95	373.7
4	Tianjin Modern City Office Tower 天津现代城办公塔楼	天津	65	338
5	Global City Square 环球都会广场	广州	67	318.85
6	Chongqing IFS T1 重庆国际金融中心1号塔	重庆	62	316
7	MahaNakhon 大京都大厦	曼谷	75	314.2
=8	Wanda Plaza 1 万达广场1号楼	昆明	67	307.3
=8	Wanda Plaza 2 万达广场2号楼	昆明	67	307.3
10	Shenzhen CFC Changfu Centre 深圳CFC长富中心	深圳	68	303.8
11	Riverfront Times Square 京基滨河时代广场	深圳	64	293
12	Tanjong Pagar Centre 丹戎巴葛中心	新加坡	68	290
13	China Chuneng Tower 中国储能大厦	深圳	62	288.6
14	Gama Tower 伽马大厦	雅加达	63	285.5
15	GT Land Landmark Plaza South Tower 高德置地广场南楼	广州	47	282.8
16	30 Park Place 公园大厦30号	纽约	67	282.2
=17	Tianhui Plaza C3 天汇广场C3	广州	60	270
=17	Greenland Center Tower 1 西安绿地中心1号塔	西安	57	270
19	Huayuan Center Tower 7 华远国际中心7号塔	长沙	54	269.7
20	10 Hudson Yards 哈德逊城市广场10号	纽约	52	267.67
21	Hongren Fortune Center	武汉	47	264.65
22	Financial Street Heping Center 金融街和平中心	天津	47	262.95
23	Oriental Plaza T1 东方广场T1	重庆	56	262
24	Xinglin Bay Business Tower 杏林湾商务营运中心	厦门	54	261.9
25	Beijing Greenland Center 北京绿地中心	北京	55	260
26	Grand Hyatt Metrocenter 君悦都市中心	塔吉格市	66	258.48
=27	Regent Emirates Pearl 珍珠丽晶酒店	阿布扎比	52	255
=27	Wenzhou Zhixin Plaza 温州置信广场	温州	53	255
29	Wongtee Plaza 皇庭广场	深圳	65	253.55
30	R&F International Business Center Phase 2 富力国际商务中心2期	广州	53	252.55
31	Golden Eagle Plaza 金鹰国际广场	昆山	55	252
32	56 Leonard Street	纽约	57	250.24
=33	Fusheng Qianlong Plaza 福晟钱隆广场	福州	50	250
=33	HKRI Centre One	上海	51	250
35	Yunda Central Plaza - St. Regis Hotel 运达中央广场–圣瑞吉斯酒店	长沙	63	248.8
36	Poly Business Center Office Tower 保利商务中心办公楼	佛山	55	248
=37	Ningbo Bank of China Headquarters 宁波银行总部大厦	宁波	50	246
=37	Shangbang Leasing Tower	天津	54	246
39	Torre Reforma 改革大厦	Mexico City 墨西哥城	56	245
40	Waldorf Astoria + Magnolias Ratchaprasong	Bangkok 曼谷	60	242
=41	Banyan Tree Signatures	Kuala Lumpur 吉隆坡	55	240
=41	Central Bank of Kuwait 科威特中央银行	Kuwait City 科威特城	42	240
43	Xi`an Center 西安中心	西安	54	238
44	Excellence Century Center Tower 1 青岛卓越世纪中心1号塔	青岛	57	237.3
45	ASE Center R3 日月光中心R3	重庆	69	236.8
=46	Hilton Double Tree Sinyar Tower	Doha 多哈	53	230
=46	Ilsan Yojin Y-City Tower 103	Goyang 高阳	59	230
=46	Ilsan Yojin Y-City Tower 105	Goyang 高阳	59	230
=46	International Fortune Plaza Tower A 苏州国际财富广场A座	苏州	44	230
50	Shangri-La at the Fort	Taguig City 塔吉格市	63	229.3
51	North Yoker Plaza Tower A 北约客置地广场A座	沈阳	45	228.85
=52	Dalian Dingsen Center North Tower 大连鼎森中心北塔	大连	52	228
=52	Dalian Dingsen Center South Tower 大连鼎森中心南塔	大连	52	228
=52	Changchenghui Tower 1 长城汇1号楼	武汉	43	228
=52	Kingold Century 侨鑫国际	广州	47	228
=56	Ilsan Yojin Y-City Tower 102	Goyang 高阳	58	225
=56	Ilsan Yojin Y-City Tower 104	Goyang 高阳	58	225
=56	Yunzhong Tower 1 云中城1号塔	南昌	51	225
=56	Yunzhong Tower 2 云中城2号塔	南昌	51	225
60	China Resources Building 重庆华润大厦	重庆	44	223.7
=61	BTPN Office Tower	Jakarta 雅加达	48	223
=61	Vision Apartments	Melbourne 墨尔本	69	223
63	Qatar Petroleum District Tower 7	Doha 多哈	47	222.8
64	Kerry Center 南昌嘉里中心	南昌	45	222
65	Ilsan Yojin Y-City Tower 106	Goyang 高阳	57	221

排名	建筑名称	所在城市	层数	高度（m）
=66	Wyndham Centre 温德姆中心	重庆	48	220
=66	Alphaland Makati Place	Makati 马卡蒂	55	220
=66	Golden Eagle International Shopping Center 金鹰国际购物中心	南京	42	220
=66	Park Lane Manor 5	南宁	60	220
=66	Park Lane Manor 6	南宁	60	220
=66	Shuiwan 1979 Tower 水湾1979	深圳	47	220
=66	Warsaw Spire 华沙之巅	Warsaw 华沙	49	220
=73	Oriental Hope Intertek Plaza 1 东方希望天祥广场1号楼	成都	45	219
=73	Oriental Hope Intertek Plaza 2 东方希望天祥广场2号楼	成都	45	219
=73	Sino Life Insurance Building 中国人寿大厦	深圳	0	219
76	China Resources Center 1 华润中心1号楼	合肥	43	218.15
=77	Chongqing Rural Commercial Bank Financial Building 重庆农村商业银行金融大楼	重庆	42	218
=77	Zhejiang Television Center 浙江广电国际影视中心	杭州	42	218
=77	Causeway Bay International Plaza 铜锣湾国际广场	南昌	42	218
80	252 East 57th Street	纽约	65	217.93
81	International Towers Tower 1	Sydney 悉尼	51	217
82	Capital Place Office Tower	Jakarta 雅加达	47	215.15
=83	Jinshi International Plaza 1 金石国际广场1号楼	青岛	54	215
=83	World Trade Center 1 义乌世贸中心1号楼	义乌	0	215
85	Four Seasons Tower 四季酒店	天津	48	214.6
86	Ilsan Yojin Y-City Tower 101	Goyang 高阳	55	214
87	Harborside Tower 1	Jersey City 泽西城	71	213.46
88	International Financial Centre Tower 2	Jakarta 雅加达	49	213.2
89	The 118 Tower	Dubai 迪拜	46	212
90	The Tower	Jakarta 雅加达	50	211.8
91	JR Gate Tower	Nagoya 名古屋	46	211.1
92	No. 1 Shanghai 上海1号	上海	34	210.5
=93	The Crescent City	Baku 巴库	52	210
=93	Asia-Pacific Center 亚太中心	贵阳	55	210
=93	Ahcof City Plaza 安粮城市广场	合肥	51	210
=93	New City International 新城国际	合肥	47	210
=93	Harmonious Century Tower A 和谐世纪A座	昆明	55	210
=93	Harmonious Century Tower B 和谐世纪B座	昆明	55	210
=93	Fortune Center Residential Tower 1 Fortune Center 住宅塔楼	柳州	60	210
=93	Park Terraces Point Tower	Makati 马卡蒂	59	210
=93	CNOOC New Tower 1 深圳中海油大厦1号楼	深圳	45	210
=93	CNOOC New Tower 2 深圳中海油大厦2号楼	深圳	45	210
103	The Beekman Hotel & Residences	纽约	47	209.4
104	China Co-op Group Tower 中国供销集团大厦	大连	41	209
105	Millennium Tower	Boston 波士顿	60	208.79
=106	King of Towers	大连	41	208
=106	Wenbo Tower 文博大厦	深圳	48	208
108	Oasia Hotel Downtown	Singapore 新加坡	27	206.62
109	St. Regis Hotel & Residences	Kuala Lumpur 吉隆坡	48	205
=110	Chengdu Fantasia Meinian Plaza, Tower C 成都花样年美年广场C座	成都	48	204.1
=110	Chengdu Fantasia Meinian Plaza, Tower D 成都花样年美年广场D座	成都	48	204.1
112	Dongyuan International Chengdu Sichuan Airlines Square 四川航空广场	成都	47	204
113	Eton Shenyang Center #5 沈阳裕景中心5号楼	沈阳	60	202.6
114	Shenzhen Venture Capital 深创投大厦	深圳	44	202.4
=115	Hujin International Plaza 汇金国际广场	贵阳	40	202
=115	Jinan Center Financial City A3-5	济南	44	202
117	Hongyun Building Tower A 鸿运大厦A座	沈阳	44	201.2
=118	Gateway Towers AQ-1	Doha 多哈	43	201
=118	Gateway Towers AQ-2	Doha 多哈	43	201
=120	Mincheng Center Hotel	福州	45	200
=120	United Tower	Manama 麦纳麦	47	200
=120	Nanjing Financial City Tower 2 南京金融城2号楼	南京	46	200
=120	Nanjing Financial City Tower 6 南京金融城6号楼	南京	46	200
=120	Suning Electric Plaza 苏宁电器广场	南京	34	200
=120	Burj DAMAC	Riyadh 利雅得	36	200
=120	Centralcon Group Tower 中洲大厦	深圳	43	200
=120	China Oceanwide International Center Tower 1 泛海国际中心1号楼	武汉	46	200
=120	Jinshui Wanda Center Office Tower 金水万达中心办公楼	郑州	43	200

NO.16

NO.39

NO.87

NO.25

NO.50

NO.90

NO.27

NO.66

NO.99

2016 年竣工建筑高度排名第 16
公园大厦 30 号，纽约，282 m ©Joe Woolhead
2016 年竣工建筑高度排名第 39
改革大厦，墨西哥城，245 m
©Alfonso Merchand/LBR&A Arquitectos
2016 年竣工建筑高度排名第 87
Harborside1 号塔，泽西城，213 m ©John W. Cahill

2016 年竣工建筑高度排名第 25
北京绿地中心，北京，260 m ©吕恒中
2016 年竣工建筑高度排名第 50
Shangri-La at the Fort，塔吉格市，229 m
©Jay Jallorina
2016 年竣工建筑高度排名第 90
The Tower，雅加达，212 m ©Total BP

2016 年竣工建筑高度排名第 27
Regent Emirates Pearl，阿布扎比，255 m
©DeSimone Consulting Engineers
2016 年竣工建筑高度排名第 66
华沙之巅，华沙，220 m ©UNK Ghelamco
2016 年竣工建筑高度排名第 99
Fortune Center 住宅塔楼，柳州，210 m ©AECOM

全球高层建筑图景：2016 年成就

　　2016 年，全球有 128 座 200 m 及以上的高层建筑落成，创造了世界高层建筑年建成数量新纪录，这也是连续第三年打破纪录。如今，全球 200 m 及以上的高层建筑达到了 1 168 座，比 2000 年的 265 座增长了 441%。"最高"称号在 2016 年频频出现：17 座新建成的大楼成为城市、国家或地区的最高建筑；亚洲继续保持主导地位，新建 107 座高楼，占全球总数的 84%。欲知 2016 年竣工大楼的更多分析，请见"年度回顾：2016 全球高层建筑发展现状及趋势"，第 38–45 页。

历年竣工的世界最高建筑
以下是 2011 年起历年竣工的当年世界最高建筑。

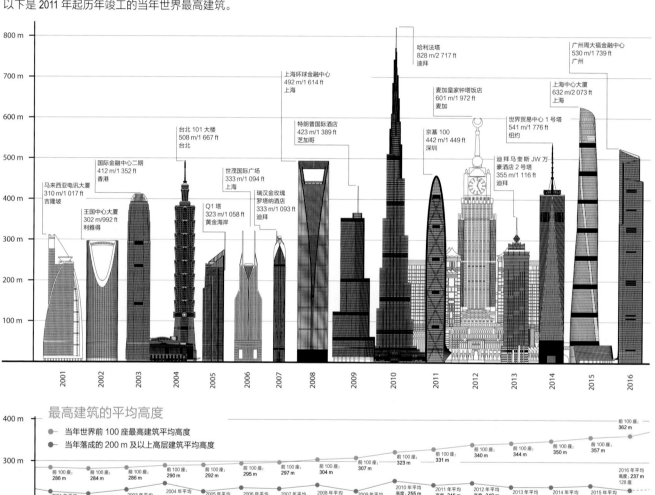

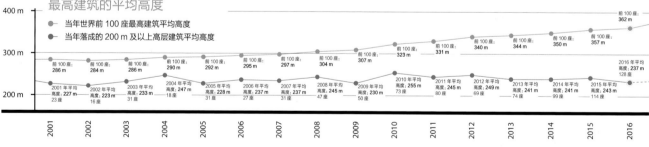

2016 年竣工的 200 m 及以上高层建筑记载的总高度是 30 301 m，差不多相当于 37 座哈利法塔。

广州周大福金融中心高 530 m，是 2016 年全球竣工的最高建筑，也是当今世界第五高楼。

17
2016 年竣工的 200 m 及以上建筑中，有 17 座分别成为各自城市、国家或地区的最高建筑。

世界前 100 座高层建筑剖析

如下图所示，亚洲和中东地区持续攀升，随着混合结构的兴起，混合性与多元性的概念逐渐深入人心。

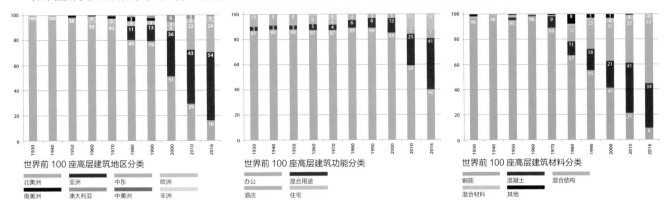

世界前 100 座高层建筑地区分类

北美洲　亚洲　中东　欧洲
南美洲　澳大利亚　中美洲　非洲

世界前 100 座高层建筑功能分类

办公　混合用途
酒店　住宅

世界前 100 座高层建筑材料分类

钢筋　混凝土　混合结构
混合材料　其他

每年新入选世界前 100 的高层建筑数量

2016 年世界前 100 座最高建筑名单中出现了 10 个新面孔，是自 2009 年之后最少的，而 2009 年还只有 4 座高楼新跻入名单。鉴于 2017 年有大量超高层建筑预计竣工，让我们拭目以待新的一年吧。

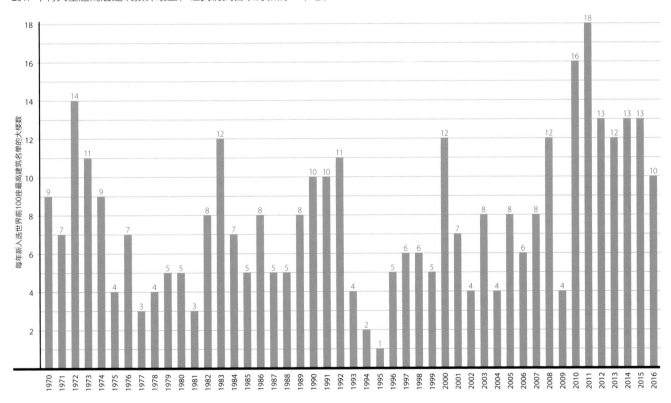

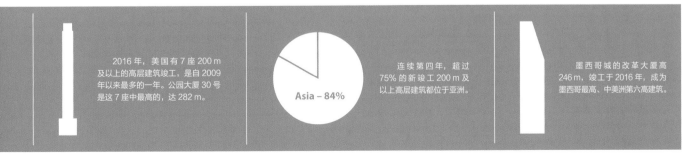

2016 年，美国有 7 座 200 m 及以上的高层建筑竣工，是自 2009 年以来最多的一年。公园大厦 30 号是这 7 座中最高的，达 282 m。

Asia – 84%

连续第四年，超过 75% 的新竣工 200 m 及以上高层建筑都位于亚洲。

墨西哥城的改革大厦高 246 m，竣工于 2016 年，成为墨西哥最高、中美洲第六高建筑。

在现代中国融合历史与高度

采访嘉宾 / 陈建邦

作者简介

陈建邦是上海瑞安房地产公司规划发展及设计总监。他领导了"天地"综合体项目的概念设想、选址分析与总体规划，也参与过许多大型综合建筑群的设计。在规划、设计和建造方面，陈建邦拥有25年的丰富经验，其中15年是在中国。此外，他还非常关注新兴的建筑产品，并在CTBUH可持续发展委员会身居要职。在加入瑞安之前，陈建邦工作于纽约市政府工程局。其教育履历包括加州伯克利大学建筑学硕士、哥伦比亚大学城市设计硕士，并获得纽约大学MBA学位。

上海瑞安房地产公司规划发展及设计总监
上海市淮海中路 333 号，瑞安广场 23 楼（邮编：200021）
t：+86 21 6386 1818
f：+86 21 6385 7377
Email：albert_chan@shuion.com.cn
www.shuion.com.cn

陈建邦是上海瑞安房地产公司规划发展及设计总监。作为国内几处引人注目的"天地"综合体项目开发商，瑞安公司利用巧妙的技术将新型大规模总体规划社区与周边历史建筑融合在一起，这也是其最为人称道之处。最近，武汉天地项目还获得了 2016 年 CTBUH 全球城市人居奖。陈先生曾是 CTBUH 中国高层建筑奖评审委员会的一员，并于近期加入 CTBUH 顾问委员会。在本次 CTBUH 中国办公室总监 Daniel Safarik 的采访中，陈先生发表了他对城市居住区的发展理念和想法。

武汉天地赢得 CTBUH 城市人居奖对您来说意味着什么？

毫无疑问这是一项殊荣，很高兴能得到 CTBUH 的认可。在中国建筑业快速发展、新建筑如雨后春笋般落成的背景下，武汉天地能够获得该奖实在是意义非凡。但在这突飞猛进的势头中，我们不可忽视的是，许多建筑师都没有考虑社区的整体性，而只是关注建筑自身。

建筑师花费大量的精力来关注外立面、内部设计以及如何建造引人注目的顶层外观。但是，如果回想一下高层建筑出现之前的建筑群，就会发现建筑本身与周围环境融洽与否至关重要。有时我在想，我们是不是在前进的道路上走得太快以至于忘记了方向。这个问题不容忽视，如果能处理好建筑与周边环境的关系，社区就会永葆生机；如若不然，即使设计出优秀的建筑，也会显得与周边环境格格不入甚至死气沉沉。

CTBUH 在评选过程中十分重视环境和文脉，我也很高兴看到该项目被认可。值得一提的是，这个项目历时 13 年，参与各方都付出了很大努力。其次，楼体建成后，团队的运营成果也为项目锦上添花。

作为 CTBUH 中国高层建筑奖奖项的前评审委员、现全球奖项得主，您对这些奖项有什么看法？

首先我对 CTBUH 进入中国并关注中国建筑师的行为甚感欣慰。至于评审方面，我注意到了一个有趣的地方，那就是中外评委的侧重点有所不同。对于中国同行来说，文化十分重要，他们会经常考量什么能使高层建筑成为一座城市的标志，特别是如何能在中国称为好建筑，而外国评委则不会过度关注。单单这个主题就能引起一场精彩绝伦的辩论，这会对我很有启发。

此外，对都市人居的更多讨论也会促进完善 CTBUH 中国奖项和全球奖项的评选。例如在中国区奖项中，我认为我们对建筑落成后的讨论远不及其落成前的讨论多，而对落成后的讨论将会丰富评选标准，甚至提高地面建筑水平，以满足未来需求。关键在于以何谓重点。CTBUH 的组织名称里包含了"都市人居"，那么我相信组织的目的之一就是通过评选建筑来完善标准、造福整个社区。对此，我们应有更多讨论，使该奖项更有意义。

您加入顾问委员会的目的是什么？

CTBUH 已经有很多专家，但是都市人居方面的专家似乎不如高层建筑那么多。我有幸有机会帮助学会解决一些问题，通过将高层建筑和都市人居的概念结合在一起，寻求如何更好地整合以及建立更舒适的居所，为 CTBUH 贡献力量，甚至是借助 CTBUH 为整个设计共同体贡献力量。我们总是寻求分阶段建造充满活力的多用途建筑，也就意味着这些项目的历时和规模都不同寻常，例如上海新天地（图1）历时 19 年之久。能在一个项目上坚持 19 年的人可不多见，我想这就是我加入顾问委员会的目的和独特贡献。

您已经将大量的人性化特征和传统建筑风格融入您的开发项目中，使得高层建筑不会与周围环境格格不入，甚至做到完全融合。您是如何形成这种设计特色的？

我们坚持几个原则。

首先，混合用途能够增强地区活力。我们设计基于行人、公交导向的环境，而不是汽车导向。如果一个区域鼓励人们步行，那么这里就会显得生机勃勃；如果人们总是径直将车开进地下室，那么街道上就会寂寥无人。

可持续发展也是原则之一。我们的大部分开发项目获得了 LEED-ND（社区项目）金级认证。从技术角度来说，我们希望创建许多小街区聚拢起来的密集街道网络，这也就是实现混合使用和可步行性的方法，两方面会携手并进。虽然听起来很

图1 上海新天地，上海
© (cc-by) ChinaUli2010
图2 武汉天地，武汉
© 瑞安房地产公司

简单，但很少有开发商做到这一点。政府出售的土地通常面积较大，很少有开发商将其划分出来，开辟街道。虽然政府规定了允许的土地利用、场地面积、总建筑面积和容积率，却从来没有提及场地和街道大小。街区规模没有固定标准。

我们希望创建地标性区域，"区域"在这里指的是广场或街道本身。作为社区开发商，我们必须完善所有的公共设施——漂亮的街道、广场、公园，甚至是湖泊。遗憾的是很少有开发商这样做，他们只专注于建筑物本身。

最后，我们希望项目能够融入社区，而不是像空降的外星人，这对于项目的文化脉络至关重要。建筑保护工作的产生也缘由于此。实际上，这部分工作只占设计的一小部分，之所以被重视是因为很少有

公司能够做到。

这些原则一般如何在项目中体现？

上海新天地不是地标性区域。唯一需要保护的建筑是中共一大会址——三个小建筑，而不是整整两个片区。但我们依然用保留或适当改造的形式重复使用更多建筑，以此来保护整个街区。在武汉天地，我们保留了几个历史建筑，并保护了那里的老树（图2），此举也为项目赫然添彩。它是项目的文化体现，也是可持续发展的一部分。

社区的规模也是基于这个原则建设的。由于规划用途不同，社区内建筑高度参差不齐。我们开发的土地可能在非常密集的地区，有时需要把建筑建得高一些，才能获得商业上的成功。我认为，如果新

开发项目让人觉得它本来就该在这里，那就很成功了。

您如何将这些原则本土化？

每个总体规划中都有新旧或高低层面的不同。例如，太平桥（上海新天地）容积率是3.5。即使有这种限制，我们也将建造一座60层的高层建筑，目前正在设计中。重庆也是如此。

在武汉，如果你认真观察，就会发现庭院式住宅的开发项目相当紧凑，一些项目容积率已超过3.0。每个地块大约10 000 m²（这在中国来说很小），其中包括一个到两个中高层建筑，作为沿街墙的一部分。旁边有一个小型社区公园。

所以这里的结构通常是低层商业区和多层住宅围合公园。高层建筑奠定背景

> **我们确保规划好建设用地，不会使高层建筑遍布，造成身处峡谷的感觉。**

基调，河流潺潺流过。另外还要注意高层建筑的设计避免遮挡公共空间。这是总体规划的作用之一。我们确保规划好建设用地，不会使高层建筑遍布，造成身处峡谷的感觉。

与其他地方相比，在中国实施总体规划通常有什么不同？

首先，我们一直坚持一个原则——总体规划与执行过程的交互。这在中国真的很重要，很多时候政府有着不错的总体规划，却随着时间的推移慢慢减小了执行力度。

许多参与者不理解在中国建造公共空间的尺度——这不是建筑师、开发商、政府规划师或总体规划师的问题，这需要足够的经验。在街道、广场和公园周围，有适当的尺度非常重要。我们从自己以往的案例中吸取经验，总结教训，多年之后才慢慢掌握。

对于开发商来说，在项目运作过程中要注意什么？

运作并不只是意味着建设，而是在总体规划、租赁和运作下的建设。如今在中国建造很容易，这里有庞大的施工企业。但即使在今天，在新天地，我们依然与时俱进地变化着运营方式和承租人。我们改造了封闭购物中心外的露天咖啡馆，引进了跳蚤市场等活动，布置了更多座位、鲜花和天棚，还尝试设置个性化商店。虽然这些行动微不足道，但实际上很少有人这样做，而正是这些行动改变了整个环境。否则，建筑就只是遮风挡雨的地方，而不是人们居住生活的空间。

并不是每个开发者都有机会对他们工地上的历史风貌建筑再利用。您所做的与广受欢迎的裙楼式购物中心之间是否存在中间地带？

如果你买了一块小土地，或许你只想将它的价值最大化。所以在购物中心，开发商会尽力让人们购物。但是如果每个人都这样想，就不存在社区了。中国的建筑密度很大，聚类文化也很显著，我相信商场和街道可以共存。而在美国，一个沃尔玛可以消灭整条大街上的购物区，主干道与沃尔玛不能共存。

但中国不同，密度和交通是它的一部分。中国许多城市通常有地铁连接的便捷交通，并非每个人都必须开车去商场。在文化上，中国人喜欢在许多地方走街串巷，街头食品、小零售店往往令人们感到愉快。

我们看待购物中心的方式是，所有的商店对街道和购物中心内部敞开。一些商场只设有两个出入口，除此之外对内的只有窗户。我们觉得通过这个项目，朝向街道的商店会吸引人们，不会影响街道。但那时要注意，如果你在很多地方设置这种商店，就会损害购物中心的活力。

许多开发商通过清理场地来重新建设，即使他们能够完全掌控局面，但这仍然是一场灾难。这是因为缺乏运作的连续性吗？

我认为许多开发商没有像我们一样秉承原则。没有这些原则，就会默认对地块采取这种作法。比如住宅项目，开发商会先建一个围墙，然后创造漂亮的内部花园，四周环绕着高层建筑，那它就只是一个能带着孩子散步的巨大安全空间而已。如果没有更广泛的原则，开发商就会默认这种模式。大多数开发商都不会考虑原则问题，按照默认模式一直走下去。

但这种情况会改变，因为即将出台的规定明确要求更多的小地块，更开放的城市空间，公交导向发展模式。中国正在向前迈进，政策会更加完善，更多与社区相关的非封闭购物中心即将建立。

您怎样理解"奇奇怪怪"的建筑？建筑师和开发商应如何对社区担负起更大的责任？

有时候外观恢宏的建筑是必须的。比如毕尔巴鄂的古根海姆博物馆，必须有壮观的外形才能达到效果。这对城市是有益的。但若遇上了狂野风格的建筑师，此时客户又不太有想法，那么就很可能会产生"不那么好的古怪"设计。大多数建筑师都会根据客户或政府的谨慎参与，而创造出美妙的建筑。但如果没有制约，建筑物就有可能建得像社区中的雕塑一样。

建筑是一种社会艺术，所以客户和社区都应该有所参与。即使是创新型建筑师也应该认识到这一点。世界上最好的建筑集合了来自多方的优秀设计和大力参与。大教堂、帕提农神庙、万神殿等建筑都有教会、社区和公民领袖的参与。

建筑过程没有社会参与是现代才出现的，以前并非如此。世界上许多最美丽的地方，例如意大利锡耶纳广场就很可能是一群人的设计成果，一个人没有这么大的力量。只有所有的业主都同意这种弯曲的形状和微微倾斜的地面……才会产出这样的杰作。尽管如今的建造方式已不同以往，但不可否认的是世界上大多数成功社区都是在大量社会参与下产生的。

这与开发商清理场地，建造一个锡耶纳的复制品有很大不同。

那样得到的只有外形，没有内涵。

那么当今的设计师如何才能重获灵感？

必须有人引导。参与各方应尽力引导并制作一个独立于政府的总体规划。其次必须长期严格实施，不管是规划、城市设计和建筑方面，实施过程中都必须保持警惕，防止偏离方向。新天地和武汉天地归属于各自城市，它们有时代需求和长期复杂的历史。我们并不想在武汉打造另一个法国建筑。我们在学习经验的同时，也要将其融进城市中。衷心希望我们建造的地方能够真正造福社区人民，受到当地人民的承认才是建筑成功的关键。■

可开关窗户 VS 空气流动性能

文 / Roy Denoon

Roy Denoon，CPP 风力工程顾问
Roy Denoon 博士领导着 CPP 结构风荷载团队，是一名在高层建筑风力工程行业领先的专家，也是 CTBUH 专家评审委员会成员，还与人合著了《CTBUH 高层建筑风洞试验指南》。

近年来，高风速条件下的自然通风和改善高层建筑的空气流动性能越来越成为人们关注的焦点。于是 CTBUH 提出这个问题："可开关窗户真的能用于改善高风速条件下高层建筑的空气流动性能吗？"

不，理论上不能使用可开关窗户来提高风荷载性能。

举个极端的例子，在风暴中，高层建筑的外部包裹完全被除去，那么风荷载一定会减少：无论是沿风（阻力）负荷，还是横风（涡旋脱落）反应。然而，建筑内的东西不会有这么好的结果。许多东西会受到风暴所带来的雨水的破坏，而大量重量较轻的东西会从建筑物上被吹走，散落在附近。这种情况并非没有可能，2000 年 3 月，一场龙卷风袭击了美国联邦调查局（FBI）在德克萨斯州沃思堡市的办公室，大堆文件被吹散至楼下，工作人员们花了相当长的时间来清理街道。

退一步说，若建筑物表面中心区域有几个打开的窗子，比如说远离建筑物的角落，那么无论顺风或横风荷载都不会明显下降，因为这些开口不会显著影响建筑物的空气流动性。然而，与窗口关闭相比，建筑物内部的压力会显著增加。这将给内部隔墙以更多负荷，会影响内部门的开关，也可能影响电梯运作，或者增加建筑表面其他区域的净荷载。

建筑物在设计级风暴的情况下，如果被假定为一个密封信封式的设计，引入开口的可能性将导致材料和施工成本的增加，以抵御风荷载所施加的内部压力。值得注意的是，在某些地方，设计风速来自可预测风暴，如台风或飓风，甚至建筑物的窗户可以在设计风速中设置成密封的，只要建筑管理系统到位，确保所有的窗户都在风暴前预先关闭。这种类型的建筑管理在写字楼和酒店最容易实现，而不是住宅楼。在某些地方，最极端的风速来源无法预测，如雷暴和龙卷风，那么这种建筑管理做法便不可行。

从另一个侧面看，还存在许多这样的例子，比如在风暴中未正确锁闭可开关的窗户，会造成周围建筑物的更多故障或损坏。比如 2008 年的热带风暴北冕来临时，香港港岛东中心未正确锁闭可开关的窗户，导致其玻璃破碎撞击到旁边一栋建筑，打破了窗户。这发生在施工完成后入住前，全套建筑管理程序还未施行。

建筑物拐角附近的可开关窗口有可能通过中断涡旋脱落的联系减少风荷载，但只有当开口足够大，且拐角的两个面都有时。然而，大开口可能会导致降水进入或内部物品被吹出，这些做法概不可取！因此，这不是一个现实的选择。

虽然可开关的窗户可能不是减少风荷载的方法，但通过建筑物内部的开口可以有效地用于同一情况。最典型的案例就是纽约的公园大道 432 号，它允许气流通过"空白"（不住人的）楼板、设备层楼板或空中花园，有效地减少顺风和横风载荷及反应。我们最近的研究表明，如果使用正确的开口配置，横风反应可以减少 50% 甚至更多。那么，即便是对非常细长的、孤立的建筑物，由顺风带来的涡旋脱落也能被充分化解。■

2000 年被龙卷风袭击后的 Cash 美国国际大楼，这里是美国联邦调查局（FBI）在德克萨斯州沃思堡市的办公室。图片来源：www.forthwortharchitecture.com

高层建筑与都市人居环境 **09**

珠江三角洲举办了 CTBUH 有史以来规模最大的国际会议

报道者：Jason Gabel, CTBUH

CTBUH2016 国际会议在中国珠江三角洲的 3 个城市内举行，为期 5 天，是 CTBUH 有史以来规模最大、形式最为复杂的会议，与会人员达 1 500 名，跨越全球 46 个国家。此次会议的宏大主题"从城市到巨型城市：构建高密度的垂直城市主义"也十分贴切会议内容，引领与会者们亲身体验汇集了 6 400 万人口的世界最大巨型城市。除了同时举办于 3 个不同城市外，大会在每个城市内部也有多个场馆，举行大型且种类纷繁的活动。会议全程总计安排了 80 场演讲，超过 150 位演讲者参与。以下为会议的亮点概要。

第一天，深圳

延续 CTBUH 大会的传统，CTBUH 执行理事长 Antony Wood、CTBUH 主席兼 KPF 建筑事务所总监 David Malott 与 19 位世界最高建筑的业主 / 合伙人一起，在主会台上拍摄了纪念合影。

简短的开场之后，开幕式直奔主题，简述了珠江三角洲地区从城市到巨型城市的崛起过程，提及多个城市语境下有关可持续性和密度的创新概念。本日的首个演讲者是中国建筑学会主席修龙，演讲主题为"中国新时期的建筑方针"，旨在强调可持续设计的必要性。修龙描绘了中国建筑的变革史，并强调新的建筑方针将通过创新设计改革中国的巨型城市。

随后 WOHA 建筑事务所创始董事黄文森与我们分享了"花园城市，巨型城市"的演讲，提出全球变暖时代下的总体规划概念，以及他们所开展的绿色自然、社会便利与环境友好型的可持续设计工作。在

黄文森的愿景中，人工植被覆盖着无数互相连接的高层建筑结构，这些结构共同组成了高架的城市网络。

最后，CTBUH 执行理事长 Antony Wood 向我们展示了密集市区环境与分散郊区环境可持续性的对比研究，该研究与 CTBUH 学术研究员杜鹏的博士论文合作，经过了长期的调查分析。此项研究取得了许多成果，其中之一为高层建筑可能不像人们曾经以为的那样具有内在可持续性，真正的可持续取决于许多综合变量。Antony Wood 说："作为建筑师和工程师，我们需要更加谨慎地说，'我建造了一座建筑，工作完成'。建筑行业似乎认为高层建筑的建造拯救了地球，但真实的情况却不一定是这样……该研究的真实发现为：这不完全与高层建筑有关，而与都市密度——节约用地和集中基础设施有关。"

值得一提的是，CTBUH 中国办公室总监 Daniel Safarik 在演讲中首先审视了世

界巨型城市目前的发展现状，介绍了由 CTBUH 统计、分析出的世界巨型城市总数量、密度、摩天大楼组成与其他量化因子。该研究在大会伊始就展现给各位与会者，为随后一周对巨型城市的讨论界定了框架。

还有许多演讲更关注高层建筑在巨型城市人居环境中所扮演的角色，重点阐释了多中心主义概念，提出了巨型城市应设立多个高层建筑节点，而不是沿用 20 世纪的传统中心商业区模式。太古地产开发与估价部总经理彭国邦对其作了详尽的描述，他还论证了从"中央"到"核心"商业区的转变："从规划与实践的角度来说，将多层商业办公建筑集中在一起布局更有助于人们之间的互动、信息交流和商务往来。"

凯达环球建筑设计咨询有限公司主席 Keith Griffiths 在以"城市枢纽"为主题的演讲中论证了交通节点能够有助于创造超高密度、互通互联的城市环境。无独

有偶，Robert A.M. Stern 建筑事务所合伙人 Paul Whalen 在"延续的城市"演讲中也补充了他对互联城市的愿景，而且特别强调了充分的交通互联能促使面向行人的建设项目走向成功。

还有一些演讲更关心能够塑造城市和摩天大楼未来的技术因素。KPF 建筑事务所总裁 James von Klemperer 深入介绍了"X 信息模型"，论证了高层建筑设计中以数据为基础进行决策的可能性。他说："我们认为，如果我们将那些既是设计因素又是设计结果的方面——阳光、密度、街区大小等纳入标准，我们就能找到一种可以在多个区块中控制建筑的方法，并找到不同方法给这些属性评分。"

与此类似，扎哈·哈迪德建筑事务所总裁 Patrik Schumacher 向我们展示了参数化设计的未来畅想。Pecha Kucha 专题讨论还探讨了"未来城市的最大挑战和机遇是什么？"

第二天，深圳

大会第二天首场会议是主题为"高层建筑及背景：相宜的高耸乡土建筑"的全体成员专题研讨会。会议内涵深刻，CTBUH 副主席、NBBJ 设计合伙人 Timothy Johnson 主持了会议，讨论嘉宾包括 MAD 建筑师事务所创始人及主要合伙人马岩松、MVRDV 建筑事务所联合创办董事 Winy Maas、都市实践创始合伙人孟岩、扎哈·哈迪德建筑事务所总监 Patrik Schumacher 以及 SOHO 中国高级副总裁/首席建筑师阴杰。该分会讨论了如何将高层建筑与其相关背景环境一并考虑，多位经验丰富的建筑师们分享了他们独到的见解，令人受益匪浅。讨论的重心自然是围绕如何在中国特定的环境中进行设计。Patrik Schumacher 这样形容当前中国的建筑挑战："如果继续堆砌地标性建筑，它们的光彩会相互抵消，并产生出一种奇怪的同质性效果，即使每个城市都非常努力地想要具有自己的特质，但这还是会让每个城市看起来都一样。"孟岩补充道："很多时候我们把高层建筑当作前景图，并用它来定义城市特征。我们给高层建筑施加了太多的负担……每一座高层建筑都试图

想要说明什么，但这最终对建筑本身及对整个城市都是没有帮助的。"

第二天的多项活动都调研了摩天大楼的经济意义。特别要提及"经济考虑因素"活动，它专门研究了三类鲜明但又相互联系的经济问题。利比有限公司董事总经理赖旭辉陈述了在超高层建筑的成本管理上取得的有效创新举措；伍兹贝格建筑事务所的设计技术平台专家 Brian Ringley 探讨了关于标志性高层建筑几何学的经济效率；而罗格斯大学的副教授 Jason Barr 则介绍了对中国摩天大楼开发的经济学分析，令人信服，该项研究是 2015 年 CTBUH 研究种子基金计划的一部分。每一场报告都挑战着摩天大楼经济学的传统理念，同时也为其提供了令人信服的新的分析结果。

多场会议不可避免地涉及工程与设计上的挑战，而这些挑战又支撑着垂直城市所涉及的更宏观层面的实施性探讨和经济可行性探讨。当天的两场"先进工程技

术"会议都对此极为关注，集中于讨论各个具体项目所面临的种种挑战以及最终获得成功的创新工程解决方案。会议中进行了多场基于案例研究的报告，会议最后由北京市建筑设计研究院有限公司副总工程师马泷介绍了北京摩天大楼的施工情况，通过采用符合经济分析结果的工程参数支持了建有多个高层建筑核心的多中心城市北京的发展。

在结束了又一天紧张的报告和会后的小组讨论后，所有成员继续参加了当天最后的全体成员会议，主题为"从城市到巨型城市：展望未来"，在不断城市化进程中，讨论现代城市所发生的转变。三场详尽的报告从不同的角度全面审视了特大城市的未来，由腾讯控股有限公司执行经理万超和 NBBJ 设计合伙人 Jonathan Ward 开场介绍他们的一项调查，研究技术公司通过引入先进的技术集成和"郊区办公室、校园风格"公共空间的方法，来改变传统高层办公空间。

大会社交活动开展得如火如荼

大会前夕，CTBUH 领导与特邀嘉宾们在平安金融中心——这座以 599 m 高度称霸深圳、俯瞰全城的大厦内第 83 层，出席了社交酒会。本次 VIP 社交酒会由平安集团承办，奥的斯电梯公司赞助，对未来 5 天的会议程进行了展望和预告。

大会第一天进入尾声时，与会者们参加了深圳第二场社交酒会。该酒会举办于深业上城，深圳中央商务区的北部，由深业置地举办，蒂森克虏伯赞助。社交酒会在一个推广展示区（marketing suite）和拥有室外平台的活动场地中举办，代表了综合体高层居住空间组合的典范。

会议第三天的社交活动，由新世界发展有限公司举办、赞助，地点在广州周大福金融中心塔楼顶层。这场活动不仅是 CTBUH 一系列成功举办的社交活动之一，也是新世界发展有限公司新的出版物的发行酒会，还是广受关注的周大福金融中心的官方开幕活动。因此，CTBUH 代表和新世界发展有限公司的嘉宾一同，不仅为摩天大楼和会议表示庆祝，同时也加强了

与中国同仁之间的合作交流。参加本场社交活动的不乏具有高知名度的嘉宾，包括广州市副市长蔡朝林、中国科学院院士及华南理工大学建筑设计研究院院长何镜堂、新世界发展有限公司执行总监 Peter Cheng 和新世界发展有限公司联合总经理 Gary Chen。

第四天，参会者在天际 100 观景空间参加的 ICC 社交酒会，由新鸿基地产发展有限公司承办，迅达集团赞助。新鸿基地产副总经理 Mike Wong 和怡和迅达集团总裁 Jujudhan Jena 致以热烈的欢迎辞，在享受饭前茶点和开胃点心期间，代表们一边观赏着香港的天际线，一边愉悦地讨论会议主题、分享自己整周的美妙经历。

CTBUH 学术与研究项目备受瞩目

大会的前两天展示了多个 CTBUH 学术与研究项目，宣布了多位竞赛获胜者并将资金分配给未来几年即将执行的研究项目。

大会第一天举办了 CTBUH 学生设计竞赛的评奖工作。评委团以 KPF 建筑师事务所总监 Robert Whitlock 牵头，在 5 名决赛选手结束汇报后，经过慎重考虑选出了最终获胜者。亚利桑那大学 Lisa Marie Martinez 和萨拉曼卡主教大学 Gonzalo Casado 的项目 Hydro-City MXDF 被评委会选中。竞赛赞助商 KPF 建筑事务所将授予他们 2 万美元的资金支持。

学生设计竞赛和 2016 年研究种子基金的获胜者已提前宣布。随着学生设计竞赛的进行，这些获胜者将获得资金支持。2016 年研究种子资金授予了伊利诺伊理工大学建筑工程学副教授 Brent Stephens，他与 SOM 建筑事务所 MEP/可持续性部门总监 Luke Leung 合作研究测量室内外污染物垂直分布的方法，其中包括悬浮颗粒、臭氧和氮氧化物，以美国伊利诺伊州芝加哥市内一批高层建筑为样本进行。Stephens 教授的研究项目曾获得台北金融大楼股份有限公司 2 万美元资金资助。

美国保险商实验室提供了另一笔 2 万美元的资助，授予学生研究竞赛的获胜者，最终由学生团队成员 Shawn Barron 和 Saranya Panchaseelan 获得，他们的研究项目"摩天大楼的重生：1930-1975 年，技术的进步"是在爱荷华州立大学建筑学教授 Thomas Leslie 的指导下进行的。

最后，学生旅行研究设计课由 2016—2017 年高层建筑学术研究院推出，根据学生们的研究项目进行选拔，这使他们有机会可到珠江三角洲参加本届大会，该活动获得了 Gensler 2 万美元的资金支持。

央商务区的附近举行，与会者有机会在花城广场漫步，这座城市公园被市区的许多高层建筑所包围，其中包括曾举办过名为"珠江新城－广州新中央商务区"会议的富力盈凯广场。顾名思义，该次会议探讨了围绕花城广场所建立起的不断增长的商业区。与会者了解到了该地区的发展历史，包括广场作为城市中心的绿色之"肺"的重要性。

与此同时，"世界最高观景台"分会的与会者们穿过珠江抵达广州塔，参加上午的议程活动。广州塔尽管无法称得上是一座摩天大楼，但它仍然是广州最高的人造建筑，高 604 m，使其成为探讨广州塔、蒂森克虏伯正在建造的电梯测试塔的工程设计和探讨全世界观景台功能复兴的最佳场所。

同时进行的其他场外分会还有保利地产总部、太古汇和珠江大厦的建筑参观。每场活动都融合了分会信息和场地参观。

下午，所有广州与会者走过花城广场，前往城市的最高摩天大楼——广州周大福金融中心，参加下午 2 场分会中的 6 场演讲活动。

第一批演讲聚焦广州的发展，尤其关注广州周大福金融中心、广州林和办公楼和珠江新城。KPF 建筑事务所总监陈丽姗详细讲述了广州周大福金融中心的设计和建造，描述了建筑退缩尺度、程序组合及其交通连接背后的原理。当被问及中国未来的发展和中国将如何从事没有外国专家参与的重大项目时，陈丽姗提出了施工质量的重要性应同设计质量一样得到评估的关键性观点。她说："中国的建造工程（及建筑）需要进步，不仅需要重视设计，建筑的每一个最终的细节同样需要得到重视——因为我发现很多例子都是图纸上的想法很出色，但在实施过程中却有些不如人意。"

第二场分会扩大视角，探讨了珠江三角洲以外地区发展的类似问题。这些演讲聚焦于大规模开发的主题，从不同视角，包括 WilkinsonEyre 总监兼创始合伙人 Chris Wilkinson 从建筑学角度出发，Wordsearch 集团策略总监 William Murray 从市场观点出发，以及 HASSELL 设计公司总监 David Tickle 从高层建筑实验方法的角度出发，进行了详细探讨。

图 1　广州的社交酒会上举行了周大福金融中心的官方开幕仪式
图 2　亚利桑那大学的 Lisa Marie Martinez 和萨拉曼卡大学的 Gonzalo Casado 从 KPF 建筑师事务所总监 Marianne Kwok（中）手中接过 CTBUH 学生设计竞赛奖金
图 3　Zahida Khan 和 Clinson Poon 接受 Ray Shick 代表赞助商 Gensler 颁发的学生旅行研究设计院项目（the Student Traveling Design Research Studio Award）的奖金
图 4　大会第二天全体成员专题研讨会嘉宾（从左至右）：Timothy Johnson，NBBJ（会议主持人）；马岩松，MAD 建筑事务所；Winy Maas，MVRDV 建筑事务所；孟岩，URBANUS 都市实践；Patrik Schumacher，扎哈·哈迪德建筑事务所；阴杰，SOHO 中国

随后，博埃里建筑设计事务所创始人兼合伙人 Stefano Boeri 以其对森林城市的愿景博得了众人的喝彩，他通过将树木包围摩天大楼构建出创新的设计，米兰的垂直森林便是实践该设计理念的建筑。Boeri 将现有方案同对未来设计更有远见的概念相结合，制定了整体性的计划以打造绿色的未来城市。

当天最后的报告人是 MVRDV 建筑事务所联合创办董事 Winy Maas，他对未来城市的愿景着眼于通过垂直城市设计改善摩天大楼的宜居性。Winy Maas 呈现了一系列力图重塑人类在高层建筑中的体验的

概念，所有这些都是与肌理、环境和充满活力的社区氛围相关的。

第三天，广州核心项目

与会者们从深圳经过东莞，于黄昏时分抵达广州，一路上以宽广而舒适的视角欣赏了大珠江三角洲地区的风景。这大约 140 km 的旅途所展现出的绵延不绝的城市景观，令许多人赞叹不已，而其中所突显出的令人印象深刻的城市化概念，不仅是对这片区域的最好定义，也体现了 2016 年会议的重要主题。

广州大多数的场外会议都在城市中

第三天，深圳场外项目

在关于探讨城市高层摩天大楼发展的 2 个分会上，共有 8 个独特的议程。上

> 中国新的建筑方针中最重要的方面为尊重与保护自然，
> 最大程度地创造对人类与社会负责的环境。

午，代表们有机会前往新近竣工的平安金融中心参加会议，该会议聚焦世界最高塔楼工程，这是最贴近深圳最高建筑（世界最高10座建筑之一）议程的主题。

上午议程中，代表们前往腾讯滨海大厦，腾讯控股有限公司执行经理万超及NBBJ建筑设计公司设计合伙人Jonathon Ward作了演讲，详细说明了这幢办公楼的前瞻性建筑结构，该建筑结构旨在使郊区的公司园区适应垂直环境。

下午的议程同样十分多元化。在京基100，演讲者们探讨了塔楼顶部设计的各种元素，而他们也恰好在深圳这座曾经是最高塔楼的顶端享受着其环境布局。同时，深业上城、深圳中州金融中心和深圳湾1号的分会都聚焦于各自项目的独特设计和发展历史。

第四天，香港

清晨，与会代表们乘坐巴士前往2016年会议的最后一站——香港，一路上感受着日间珠江三角洲的全方位城市化景观。抵达香港后，代表们被带往本次会议地点——环球贸易广场（ICC）。

会议第四天于10月20日下午正式开始，一场题为"香港发展"的全体会议于环球贸易广场的天际100香港观景台举行。该会议主要包括三场深度演讲，首先由香港发展局副局长马绍祥发言，他详细介绍了香港摩天大楼的历史，以及地方政府在促进城市增长方面的作用。

该演讲结束后，新鸿基地产发展有限公司的邓伟文在香港未来发展的语境下探讨了ICC的发展。作为ICC的建筑师和项目总监，邓伟文先生对ICC在塑造香港，或更具体地说，塑造西九文化区中所发挥并将持续发挥的作用提供了富有洞察力的评论。该文化区是以塔楼及机铁九龙站为主的一个新生的混合使用中心。

随后，西九文化区管理局行政总裁柏志高发表演讲，分享了其对文化区的全面研究。该文化中心提供了一个很好的研究案例，通过案例正好能提炼出本次会议所一再重复的主题。作为一个以交通为导向、以高密集垂直城市主义为中心的多元化的总体规划，该区域是以交通为导向的功能多样化的总体规划的最佳范例，尽管它规划和建设中的建筑并不高，但说明了规划可以强有力地结合高层建筑区域，创造出充满活力的城市社区。柏志高说："场所营造必须通过多方面的途径，它必须丰富城市的质量。它关于培养社区、支持当地经济和吸引新的商业等。对我来说，最重要的是我们可以为政府的公共健康和市民参与作出贡献。"

下午的第二场分会聚焦技术和社会问题，主题多种多样。摩天大楼博物馆的创始人兼馆长Carol Willis，率先作了一场有关已在全球范围内扩散的细长塔楼现象的演讲。该演讲在技术和社会层面，探究了细长塔的类型学如何依据位置的不同而不同，并对正在影响这类塔楼发展的市场力量的变化作出了观察。Carol Willis对那些仅用高层建筑作为社会问题和城市趋势指标的媒体和个人作出了回应，她在报告厅中向他们提出了自己的观点，她说："我鼓励CTBUH更多的思考建筑面积，而不是

垂直高度，并带来对城市状况、城市经济和城市心理学的更全面的分析。"

接下来，香港房屋委员会房屋署副署长冯宜萱，介绍了香港公营房屋的历史，以及该机构在其项目中所推广的设计质量，如防止噪声污染的声学阳台和窗户。该演讲突出了公营房屋的重要作用，它不仅影响和塑造了香港，使得居民能以合理的价格获得优质房屋，还提供了可供其他当局复制使用的政策。

第四天最后一场演讲，集中探讨防火和安全疏散在高空所带来的挑战。香港消防处蔡国忠，详细介绍了他的高空拯救专队如何处理整个城市中高层建筑物的火灾事件，他同时提到，在一些方面，开发商、建筑师和消防专业人员可以密切协作，以推进灵活的安全标准。

第五天，香港

CTBUH多年来运营和策划的每一场会议都会考虑多种天气状况，确保会议风雨无阻地进行，但是在这次大会第五天的香港会址，我们遭遇了台风"海马"。台风登陆的时间正好与会议议程吻合，所以学会不得不取消了在当天举行的所有活动。毕竟，代表的安全才是重中之重。本年度会议包含的分会、社交酒会、参观、旅行和技术内容均与以往任何一届会议不同，学会非常遗憾会议没能在最后一天完美落幕。但无论如何，这次会议都为我们带来了意想不到的惊喜，愿CTBUH 2017年10月的愁尼大会更加精彩（详见www.ctbuh2017.com）。■

第 15 届 CTBUH 年度颁奖盛典聚焦全面创新

报道：Benjamin Mandel, CTBUH

芝加哥，2016 年 11 月 3 日，世界高层建筑与都市人居学会的年度颁奖典礼及晚宴再一次回到伊利诺伊理工大学校园。经过一天的详细介绍与讨论，第 15 届年度颁奖盛典评选了来自世界各地的标志性建筑，其中，中国**上海**的**上海中心大厦**被评审委员会授予"世界最佳高层建筑"称号，祝贺它们为摩天大楼行业创新理念的进步所作出的贡献！颁奖典礼在密斯·凡·德罗设计的克朗楼内的优雅晚宴酒会中结束。

2016 年颁奖评委会由 Fender Katsilidis 建筑事务所总监卡尔·芬德主持。评奖讨论会开场，他对高层建筑的发展现状和 2016 年度提名入围的项目发表了深刻见解："评审委员会发现今年入围作品和获奖作品的水准超出了预期，"芬德说，"这些建筑在提供生机勃勃的城市人居环境的同时，用灵感应对往往极其严苛的现场条件，是创新的典范。当然，其中卓越的可持续发展成果和创新技术无需多言。"

讨论会和颁奖晚宴全程激动人心，数个演讲历数了 2016 年全球高层建筑的显著进步，并最终评出了 2016 年最佳高层建筑奖。

1 最佳高层建筑奖得主

参加 2016 年世界最佳高层建筑奖角逐的有 132 个项目，涉及 27 个国家，打破了 2015 年的纪录。四个地区性获奖项目在颁奖典礼前率先公布，每个项目的高级代表都受邀在研讨会上发表了演讲，在评审委员会面前陈述他们的项目，然后由评审专家开会讨论，确定最终赢家。

上海中心大厦是亚洲和大洋洲地区的最佳高层建筑，它通过在传统的上海建筑风格中挖掘创新方案，很快成为这一地区的标杆。它的建筑设计来源于一种融合室内外空间的民居风格——石库门的理念，其结构在其创新性的双层幕墙中结合了惊人的多层中庭。大厦扭曲的轮廓与其创新性外形相结合，实现了可持续发展，其中包括减少了 24% 的风荷载。

在演讲中，上海中心大厦建设发展有限公司总经理顾建平谈到了大厦在社区中扮演的角色："对于高层建筑，人们很难超越建筑的高度来理解它们对城市和城市发展的未来的影响……我们把这座建筑当作一个社区，作为一个垂直的城市和一个开放的城市社区。"最终，评审委员会对创

第 15 届 CTBUH 年度最佳高层建筑获奖者

世界最佳高层建筑 / 亚洲及大洋洲地区最佳高层建筑
上海中心大厦，上海

美洲地区最佳高层建筑
VIA 57 West，纽约

欧洲地区最佳高层建筑
White Walls，尼科西亚

中东和非洲地区最佳高层建筑
The Cube，贝鲁特

城市人居奖
武汉天地 A 地块，武汉

10 年特别奖
赫斯特大厦，纽约

新设计和大厦对社区与可持续发展的承诺留下了深刻印象。

The Cube，中东和非洲地区最佳高层建筑，采用简洁的线条和富于表现力的建筑设计，反映了一个看似简单的住宅设计理念，用一个个堆叠的错位旋转平台创造出独特的户外区域，能观赏黎巴嫩**贝鲁特**全景。此外，其采用了创新的结构概念：利用自密实混凝土，以创造出由每层旋转的梁支撑的宽敞流畅的内部，而不需要额外的结构板。

实用性工程与合理性设计的结合是 Orange 建筑事务所建筑合伙人 Jeroen Schipper 和 Patrick Meijers 在项目介绍中反复提到的主题。Meijers 描述了带室外阳台的堆叠盒设计中工程学的作用："简单来说就像堆叠旋转盒子……较低层公寓的顶部可能是上层公寓的阳台。只要把两根梁放在楼面板末端，每一层旋转一下，你就得到了一个非常简单、非常强大的结构系统，这并不难实现。"因此，这种样式产出了符合房地产豪华性的可定制住宅。

VIA 57 West，美洲地区最佳高层建筑奖得主，混合了高层建筑和欧洲街坊建筑的特色，代表着对传统住宅形式野心勃勃的改造。其独特的设计使项目实现了在一个相当密集的城市环境中前所未有的私密水准，获得极其舒适和高贵的享受，尽管你似乎很难将其与熙熙攘攘的街区联系在一起。该建筑带有诱人的中庭和无遮蔽的前部，住户们不管是向内看还是向外看，都有着俯瞰**纽约**市和哈德逊河的广阔视野。

Durst 机构首席开发官 Alexander Durst 和 BIG 事务所合伙人 Kai-Uwe Bergmann 的介绍揭示了内部庭院对于实现建筑设计理念的重要性。Bergmann 解释道："中庭实际上具有将绿色带入城市中心的功能……中庭对于建筑，正如中央公园对于城市。中庭的面积和中央公园是等比例的，只是缩小到了 1.3 万分之一。"该建筑已经连续两年获得美洲地区最佳高层建筑奖冠军，今年获得了 42% 的选票。

塞浦路斯**尼科西亚**的 White Walls 是欧洲地区最佳高层建筑奖得主，它以显著的融合内外空间的地中海风格而闻名，加以大量绿植覆盖了 80% 的建筑外墙，并带有众多方形孔及其他小孔隙。特别值得注意的是，这幢大楼采用了与当地自然环境最相适宜的植物，这些植物的迷人之美，与它们吸收二氧化碳、释放氧气而对环境作出的积极贡献相得益彰。

Nice Day Developments 公司的企业家、当代艺术收藏家 Dakis Joannou 和让·努维尔建筑事务所的建筑师 Jean Nouvel 强调了

建筑能效奖	创新奖	Lynn S. Beedle 终身成就奖	Fazlur R. Khan 终身成就奖	合作伙伴
台北 101 大楼，台北	Pin-Fuse 系统	梁振英博士，新加坡建屋发展局	Ron Klemencic Magnusson Klemencic 工程公司	Israel David，David 工程管理公司；Mark Sarkisian，SOM 建筑事务所；Cathy Yang，上海中心大厦商务运营有限公司

White Walls 设计中背景环境的重要性，指出大楼完美地服务于特定区域，但如果将其从当前位置挪动即使是一个街区的距离，也将不再有同样的意义。Nouvel 更进一步阐述了类型学的作用："我们提取了一些非常接近尼科西亚传统房屋类型的元素，并在高层建筑层面演化。"这种具体区位与类型学演绎相结合创造了 White Walls 独一无二的环境。

2 10 年特别奖

本次 10 年特别奖得主——纽约的**赫斯特大厦（Hearst Tower）**，建立在挖空了的 1928 年的标志性建筑外壳之上，强力变革了建筑师对历史建筑的处理方式。竣工后的 10 年间，赫斯特大厦已被证明具有非凡的影响力，表现在它不仅对一个地标建筑进行了重新演绎，更对可持续设计策略作出了承诺，它使建筑的能源消耗相比城市基准值减少了 26%。

赫斯特公司副总裁 Louis Nowikas 介绍了大厦的成功及其深远的影响："对我来说，赫斯特大厦的美妙之处在于它的设计和建造轻松整合了诸多新技术。期待下一个十年这一大厦能有更好的发展。"

3 城市人居奖

城市人居奖自 2014 年设立以来，就将目光投向了超越单体建筑开发而在城市领域作出巨大贡献的高层建筑。2016 年也是如此，今年的获奖者是**武汉天地 A 地块**，这大大拓宽了此奖项的范围和规模。作为一项城市更新总体规划，该地块包含大量的协调开发，把中国**武汉**这个城市中一个破旧的小区变成了充满活力的城市社区，这一区块因此变得紧凑、可持续、公交导向、行人友好。这一成功的开发项目表明，执行良好的总体规划能够显著改变城市的空间大小，同时满足游客和住户的利益诉求。

SOM 城市设计与规划总监 Ellen Lou 描述了总体规划背后的设计过程以及该项目与中国其他千篇一律的同类型地产项目的区别。他说道："由于（房地产的）混合使用以及水景需求，我们设法说服社区突破千篇一律的朝南建筑（风格），创造出一个不同高度、不同建筑风格，甚至朝向也略微不同的综合建筑项目。"这种异构的方式是使武汉天地项目成功夺得城市人居奖的根本。

4 建筑能效奖

台北 101 大楼因其持续的能源升级，在其已经拥有高标准能效的基础上仍不断攀上了新高度而被授予 2016 年度建筑效能奖。谈到这一建筑前所未有的能效时，台北金融大楼股份有限公司主席周德宇说起在领导可持续发展过程中所得到的积极反馈："绿色领导力行动开始后，我们的能效得到了提升，并成为整个社区的引领，因此，许多合作伙伴希望加入我们，最终的能效提升将转化为盈利的提升。"

5 创新奖

2016 年度创新奖授予了 Pin-Fuse 系统。这一系统利用结构节点和框架设计使其可以滑动到预设负载，在地震中消散能量以获得柔性。这个看似简单的系统改善了建筑的韧性，使得基础结构材料能够在地震中保持完好。

6 终身成就奖

与建筑以及材料相关的奖项一起颁发的，还有两个终身成就奖，由 CTBUH 理事会颁发。**新加坡**建屋发展局局长**梁振英**（Cheong Koon Hean）博士，因其通过理性增长和可持续垂直发展的模式塑造了新加坡的发展而被授予 Lynn S. Beedle 终身成就奖。梁振英博士优雅地阐述了改变一个城市的长远方式以及实现一个成功的城市愿景可用的工具，强调整体的、长远的战略规划："作为一个建筑师，我花 3 年建成一座大楼。但作为一个城市规划师，我需要花 30 年来塑造一个城市，所以我们需要很多的耐心和毅力。"

Fazlur R. Khan 终身成就奖颁发给了 Magnusson Klemencic 工程公司主席兼总裁 Ron Klemencic，基于他在性能化抗震设计中的开创性工作及其对结构工程领域的巨大影响。Klemencic 分享了他多年来工作中的几点思考，讨论了一些鼓舞人心的人物，从他们那里他学到了重要的经验教训，得出如下结论："反思 30 年，我学到的最重要的一件事：高层建筑的意义，对于我来说，不是关于'物'，而是关于'人'。"

7 合作伙伴

CTBUH 同时表彰了三个 2016 年度合作伙伴，肯定了他们在委员会中的持续贡献和领导力。他们分别是 David 工程管理公司创始人 Israel David，SOM 结构工程合伙人 Mark Sarkisian，以及上海中心大厦商务运营有限公司总经理 Cathy Yang。■

除非另有说明，本文中的所有图片版权归作者所有。

图 1　上海中心大厦总经理顾建平详细介绍了上海中心大厦的设计理念和建造过程
图 2　第 15 届 CTBUH 年度最佳高层建筑奖获奖代表在盛典现场合影留念（从左至右）: Antony Wood, CTBUH; Kai-Uwe Bergmann, Bjarke Ingels Group 和 Alexander Durst, The Durst Organization (VIA 57 West); Grant Uhlir, Gensler 和 顾建平, 上海中心大厦建设发展有限公司（上海中心）;Dakis Joannou, Nice Day Developments 和 Jean Nouvel, Ateliers Jean Nouvel (The White Walls); Patrick Meijers 和 Jeroen Schipper, Orange Architects (The Cube)
图 3　业主 Dakis Joannou 和建筑师 Jean Nouvel 强调了 White Walls 设计中背景环境的重要性
图 4　CTBUH 评审委员会主席、Fender Katsalidis 建筑事务所总监 Karl Fender 总结了 2016 年度提名入围的项目亮点所在

如果说举办于中国**珠江三角洲**（见52页）的 2016 年世界高层建筑与都市人居国际会议令与会者意犹未尽，那么敬请期待 2017 年 CTBUH 将举办的更多地区性、国际性会议和活动，2017 年或许会是有史以来最忙的一年。

在**芝加哥**，伊利诺伊理工大学为CTBUH 的新研究——无绳非垂直电梯，举办了一场启动会。该研究由蒂森克虏伯公司资助，将于 2018 年 9 月结题。研究旨在探索电梯技术创新将对高层建筑及城市设计产生怎样的影响。另外，来自伊利诺伊理工大学的一组学生造访了对其设计研究（包括 2016 年 10 月份 CTBUH 大会的行程）进行慷慨资助的 Gensler 公司。此外，Gensler 的设计实践专家向学生们展示了公司在全球垂直城市设计领域中所扮演的角色，并带学生们参观了正在建设中的芝加哥康复研究所雪莉莱恩机能实验室（Shirley Ryan Ability Lab）。

纽约市分部 / 青年专家委员会（YPC）也从未停止忙碌。YPC 在 FXFOWLE 建筑事务所的办公室举办了一场极受欢迎的社

北京的研讨会讨论了高层建筑智能安全疏散出口新模式

> 所有的建筑都有个共性——从底部门口进入后，人们在建筑内部上下穿梭。的确这种设计使得建筑外形很性感，但那时我们是否还应该有更多创意？
>
> ——2016 年 10 月 18 日 CTBUH 2016 大会深圳分会场，MVRDV 建筑事务所 Winy Maas 在第二天的全体小组会议上发表演讲，会议主题为："高层建筑与文脉：寻找摩天大厦本地化的恰当方式"

交活动，委员会的志愿者们主办了普瑞特艺术学院（Pratt Institute）学生工作室的中期评审。值得一提的是，CTBUH 总部为纽约市分部和青年专家委员会提供了 15 000 美元资金，来增设一个行政助理岗位，帮助其分担日渐增长的工作量。

CTBUH 佛罗里达分部针对耗资 10 亿美元的太古地产项目，举办了一场讲座和工地参观。该项目位于**迈阿密**布里克尔城市中心，是一座混合用途建筑，有多个塔楼分布在临近几个街区中。尽管天气恶劣，但项目投资方的代表，包括太古地产、

Americabe、Arquitectonica 建筑事务所，以及Magnusson Klemencic Associates 工程公司，仍然为约 40 名与会者呈现了一场深度演讲。

此外还有一些国际盛会，例如 CTBUH **都市人居 / 都市设计委员会**所举办的第三次"暮光"城市徒步（Twilight Walking Tour），虽然偶尔某些地区天气不佳，但是 13 个城市里的徒步热情和深度不减。社交媒体也参与了这一盛会，Twitter 话题 #CTBUHWalks 中分享了数以百计的相关照片、电影和即时动态。

澳大利亚分部成立已 20 年，是CTBUH 最重要最活跃的分部之一，也接收了总部提供的 15 000 美元资助，用以增设专职秘书的岗位。因此澳大利亚分部可以继续开展关于改变**布里斯班**城市面貌的早餐研讨会，最近的一期吸引了 100 余位与会者。此外，CTBUH **悉尼分部**和新南威尔士大学建筑环境学院合作举办了 Make 建筑事务所创始人 Ken Shuttleworth 的演讲，有 200 位业内人士参加聆听。

在**北京**，CTBU **中国分部**携手清华大学公共安全研究院和联合技术研究中心（中国）有限公司联合举办了一场研讨会，聚焦高层建筑的智能安全疏散出口新模式。为期一天的会议研究和探讨了一些与会者提出的议题，以及因为建筑建设得更高、更复杂所伴随而来的安全方面的挑战。■

www.ctbuh.org
查看更多关于这些活动的信息，请访问
CTBUH 网站活动专区

世界大体量木材会议

俄勒冈会议中心，波特兰，3 月 28—30 日
该会议属于教育会议，为期 3 天，在交错层压木材和其他大体量木材的供应链研究方面，它是世界上参与教授最多的会议之一。
www.masstimberconference.com/

2016 Fazlur R. Khan 系列讲座：Peter A. Weismantle

里海大学，伯利恒，4 月 21 日
Peter Weismantle 将会介绍超高层结构独特属性的研究方法。
www.lehigh.edu/~infrk/

征服大都市：纽约及其分区

纽约市博物馆，即日起至 4 月 23 日
该展览旨在纪念美国首个全面区划决议 100 周年，审视律法改革的效果，绘制纽约市区划条例与改革意见的发展历史。
www.mcny.org/exhibition/mastering-metropolis

ORLANADO!

AIA 全国大会

奥兰多会议中心，4 月 27—29 日
CTBUH 执行理事长 Antony Wood 与学术部主任杜鹏将会参加此次会谈，主题为："城市与郊区：什么才是真正可持续？"
www.aiaorlando.com/2017

http://events.ctbuh.org
更多详情请查看网站

《Benjamin H. Marshall 芝加哥建筑师事务所》

Benjamin H. Marshall Chicago Architect
John Zukowsky, Jean Guarino
2016
装帧：精装，168 页
出版社：Acanthus Press,
ISBN: 978-0926494893

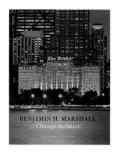

Benjamin H. Marshall 是一位建筑师，1891 年到 1939 年间在芝加哥工作，他的作品表面上看似传统，没有突破性或新思想。然而，我们必须"透过表面看本质"，引用 John Zukowsky 的话来说。这部专著诞生于出色的合作之下，作者是 John Zukowsky，大事年表来自 Jean L. Guarino，序言由 Jane Lepauw 和 Tim Samuelson 撰写。还有许多建筑物施工中的插图，来自 Heidrich Blessing 的 Tom Harris 的当代摄影。他们的描述展示了建筑在形式和空间上的高品质，为 Marshall 的作品锦上添花。

Marshall 的作品体现了建筑与都市生活的品质，Tim Samuelson 在他的前言中有最好的描述："他的建筑有被注意的存在，有被记住的魅力。"这些建筑往往是大型社区中安静美好的存在，东湖海岸大道就是最佳例证。Marshall 于 1911 创造了东湖海岸大道，并在 1911 至 1928 年间建造了五幢大楼，包括德拉克酒店。这些建筑使我们重新思考"创新"一词的含义，也许是从"坚定、价值和美妙"这些深刻而优雅的词汇开始，我们意识到，建筑成果衡量着建筑师的价值，不管是现在还是遥远的未来。出于这些原因，Benjamin H. Marshall 的作品也在今天给予了我们很多启示。

书评来自：Christopher Groesbeck, Stantec 建筑事务所 / 伊利诺伊理工大学兼职教授

《人工生态系统》

Constructed Ecosystems
Ken Yeang
2016
装帧：平装，260 页
出版社：ORO
ISBN: 978-1940743158

与自然和谐相处，这句话看起来简单，但实践却很难，自然界中的生物关系、系统和相互作用有着无限的复杂性。如今，我们的生态系统越来越脆弱而容易出现混乱，即使是最微弱的不平衡或人类的破坏也会带来蝴蝶效应。但人工生态系统的出现，使我们可以真正拥有所需的工具，不仅可以减少对环境的负面影响，还可以实现与自然的和谐共处。

这本书展现了一系列现实中的项目，也提出了 Ken Yeang 的设想，这位有着 40 多年经验的建筑师将生态原则纳入不同规模和类型的项目中。书中每章聚焦于不同的"生态建筑"设计元素，如巫统大厦（马来西亚）的天庭，启汇城（新加坡）的斜火轴，或 IBM 广场（马来西亚）的垂直绿化带。案例研究包括对设计元素的明确解释，特定项目的生物气候学功能分解，还有对系统的计算机模拟，并提出关键绩效指标（适用之处）。

建筑在入住后性能的研究可能是本书最有价值的部分，因为绿色子系统的广泛实施将持续需要大量的研究支持。这本书中所有完成项目的性能指标都在被评估之中，但读者仍然能在贯穿全书的全面引证模拟试验中发现价值。

书评来自 Jason Gabel, CTBUH

http://journalreviews.ctbuh.org
查阅更多书评，请访问网站

媒体中的 CTBUH

迪拜与沙特阿拉伯高层建筑抢夺世界最高头衔

2016 年 12 月 15 日
CNN

CTBUH 公关经理 Jason Gabel 指出，中东两座建设中的摩天大楼正在争分夺秒地抢占"世界最高"这一头衔。

高层建筑学会的发展蒸蒸日上

2016 年 11 月 16 日
工程新闻记录

ENR 历数 Antony Wood 担任执行理事长后，CTBUH 的成果与首创精神，描绘出了学会的发展壮大之路。

巨型城市：2016 年 CTBUH 国际大会的精髓

2016 年 10 月 27 日
城市开发者

报告重现了 Plus Architecture 总监 Jessica Liew 在 2016 CTBUH 国际大会上的经历，并详解其对此活动主题的各种见解。

http://media.ctbuh.org
查看更多有关 CTBUH 在媒体中的报道文章
请访问网站

来自 CTBUH 澳大利亚分部的退休信

致 CTBUH 会员：

在任职澳大利亚建筑师协会昆士兰分部主席之际，谨向 CTBUH 会员们在我担任 CTBUH 澳大利亚分部国家代表以及 CTBUH 布里斯班委员会主席期间给予我的支持表示感谢。

从任职了 4 年的秘书起，到担任 8 年主席，再到为期 4 年的 CTBUH 澳大利亚分部国家代表，最近还在 CTBUH 澳大利亚分部的重建工作中担任总管，CTBUH 在澳大利亚的影响力逐步提升的同时，我也一路见证了大家的努力和成果。

去年，我们第一次举办的国际专题研讨会获得了巨大成功，提振了澳大利亚分部的信心，为未来工作打下了基础，也为澳大利亚举办下一次国际多城市会议带来了潜在机会。作为"非营利组织"，CTBUH 今年首次为澳大利亚分部提供了秘书岗位的资金支持，大大振奋了我们展望 2017、展望未来的信心。

随着工作的深入，我认识了很多国内外友人，在这个过程中我也非常享受组织内会议和研讨会所表现出的专业性和学术性。尽管这些年来为澳大利亚分部付出良多，但我也收获良多，得到了满足感、珍贵的工作体验和难得的教育。

请代为转达我对 CTBUH 团队成员的谢意，感谢他们多年来对 CTBUH 澳大利亚分部的支持和奉献。

祝好，

Bruce Wolfe
CTBUH 澳大利亚分部代表（已退休）
CTBUH 布鲁斯班委员会主席（已退休）
Conrad Gargett 建筑设计公司，总经理

回复：有关疏散的新研究

尊敬的 CTBUH：

我叫 Justin Francis，来自澳大利亚布里斯班。我注意到贵机构已经进行了多次领先的高层建筑疏散方法的研讨会，如 2016 年 9 月的北京智能疏散研讨会（参见本书第 59 页），我对该方面研究十分感兴趣。

我最近很荣幸获得了丘吉尔奖学金，

> 任何规模的城市都有一个共同点，交通决定其命运，巨型城市更是如此。
>
> Schumann Consulting 公司 董事 Nick Schumann 谈起 CTBUH 2016 国际会议时说道。其文章《为穷人建造的巨型项目在哪里？》刊登于《建筑师》杂志

该奖学金旨在为澳大利亚人提供机会，进行重点学科的国际研究。我的研究重点是高层建筑疏散方法，包括使用电梯（升降机）疏散，利用避难层疏散，消防电梯，建筑物业管理部门协调疏散的能力，疏散过程中对手机、平板电脑等技术的使用，还有紧急情况下，高层建筑和大型结构中消防服务的介入程序。

我将拜访的地点有新加坡、上海、东京、纽约、波士顿、多伦多、华盛顿（美国国家标准与技术研究院）、哥本哈根（隆德大学）、斯德哥尔摩、赫尔辛基、伦敦和迪拜。研究报告将于 2017 年 9 月公布并将在国际上出版，可免费提供给有关人士。我非常荣幸地邀请并欢迎 CTBUH 学科内各领域对这一主题感兴趣的专家参与。详细信息请联系：franciscreations@mac.com。

祝好，

Justin Francis
昆士兰消防及紧急服务站主任
2017 温斯顿·丘吉尔奖学金获得者

journal@ctbuh.org

学会希望收到您对《高层建筑与都市人居环境》和 CTBUH 活动的意见和建议。请将您的评论发送至邮箱

2016 年每月头条：高层建筑大事件

随着摩天大楼建造潮流滚滚向前，2016 年高层建筑行业达到了又一个高峰，在全球范围内有众多重大建成项目与拟建方案，达到了新的里程碑。请查看每月头条新闻。

http://www.ctbuh.org/News/GlobalTallNews/Top12Happeningsof2016_CN/tabid/7442/language/en-US/Default.aspx

扫码浏览：
2016 每月高层建筑大事件

扫码浏览：
全球 100 座高层建筑：顶级公司排名

全球 100 座高层建筑：顶级公司排名

根据全球 100 座高层建筑排名中的项目，CTBUH 网站对其涉及的各个领域的公司进行了排名。

http://skyscrapercenter.com/100-tallest-book?lang=cn

www.ctbuh.org

了解更多全球高层建筑行业信息
请访问网站

CTBUH 中国区董事：庄葵

庄葵先生在中国最大的民营建筑设计公司之———CCDI悉地国际担任副总裁和公共建筑事业部总经理，他也是CTBUH中国办公室的创始人之一。作为职业建筑师和巨型设计团队的领导者，庄葵先生不断探索如何通过优秀的设计提升城市价值、公众体验、商业盈利三者的共赢。

庄葵，CCDI 悉地国际

您第一次是怎样了解到 CTBUH 的？

庄：我们从很早的时候就了解到CTBUH（世界高层建筑与都市人居学会）是国际上最有影响力的关于高层建筑的非营利学术机构。在我个人的了解中，CTBUH大约是50年前在美国理海大学成立，后来搬到世界高层建筑的发源地——芝加哥（伊利诺伊理工大学），随后又在中国同济大学成立了亚洲总部。

CCDI大约在1997年第一次设计超过200 m的高层建筑，从那时起我们就希望能够同这个领域有前瞻性的学术机构进行互动和合作，很幸运，亚洲的高密度城市发展吸引了CTBUH的关注，我们这么快就取得了相互的联系和信任。

什么原因使您的公司成为 CTBUH 中国办公室的创始赞助商？

庄：严格地说，中国的建筑开发正在面临一个扑朔迷离、方向未卜的市场环境，在这个现实之中，大部分设计公司都缩减了对行业学会的赞助预算。然而即使如此，CCDI对CTBUH依然保持着极大的热情，因为我们理解它代表着一种前沿的探索和精神：没有什么比超高层建筑能对人类的建造行为造成更大的挑战。当CTBUH决定成立亚洲总部暨中国办公室之时，CCDI和KPF合作设计的深圳平安国际金融中心（中国最高大厦之一）正在如火如荼地进行中。我想可能是出于CCDI在高层建筑领域不断积累的业绩，使得CTBUH首先想到邀请我们加入。同时，我们需要让世界进一步关注和研究中国的城市和高层建筑，这是一个朴素的理想，所以没有太多的顾虑就接受了CTBUH的邀请。

您认为 CTBUH 在中国的发展目标应有哪些？您对此的期望是什么？

庄：作为一个在业界享有权威、运营了近50年的机构，我不敢对它妄加期待。但有一点是我观察到的现象：中国的社会公众、地产开发机构、职业建筑师三个群体对高层建筑的价值和目标的理解还是不太一致的。职业建筑师作为技术工作者，需要进一步理解社会对高层建筑的期待和评判；开发单位也不能仅仅从容积率和盈利的角度去期待高层建筑，它需要更加多元、更加长远的价值研究；而社会公众则有权利从审美和使用体验的角度，对开发行为进行制衡或理解。CTBUH完全可以扮演在公众和专业人士之间的重要纽带，传播建筑评论，推动中国城市公众建筑知识和审美素养的进步，也为开发机构引入更优秀的建筑师和设计作品。

CCDI 设计了大量的高层建筑，在中国急进的市场环境中，我们如何理解在高层建筑开发的商业价值与建筑学价值之间的矛盾？

庄：建筑的价值从来都应该是多元的。对高层建筑而言，尽管它的功能和效率可能是首要的，但是不能回避它对城市环境和公众心理的影响。作为建筑师，我们有责任既满足业主的商业利益，也引导建筑学本体所追求的公民价值和美学成就。超高层建筑的功能过去多以工作空间为主体，并与城市生活保持着矜持的距离，而在今日和可以预见的未来，超高层建筑开始在商业、办公、酒店等传统功能设置模式外融入居住和休闲娱乐功能，形成集工作与生活为一体的混合发展模式，即便是传统的办公空间，也力图在空间和景观上做出新意——CCDI最近几年的一些作品，从腾讯大厦、百度大厦、航天大厦，以及深圳和南宁的华润中心，都在不断尝试和验证这些价值。在一个被密度和活力重新定义的都市区域，任何高层建筑其实都是公共活力的要素。■

会费：顶级会员 10 000 美元 / 年；　　赞助会员 6 000 美元 / 年；　　高级会员 3 000 美元 / 年；
中级会员 1 500 美元 / 年；　　普通会员 750 美元 / 年；　　学术机构 500 美元 / 年

South China University of Technology
Arquitectonica International
Arup 奥雅纳
Aurecon
BALA Engineers
Beijing Fortune Lighting System Engineering Co., Ltd.
Broad Sustainable Building Co., Ltd. 远大可建科技有限公司
Capol International & Associates Group
CBRE Group, Inc.
Enclos Corp.
Fender Katsalidis Architects
Guangzhou Yuexiu City Construction Jones Lang La Salle Property Management Co., Ltd.
Halfen USA
Hill International
Hilti
Jensen Hughes
JLL
JORDAHL
Jotun Group
Larsen & Toubro, Ltd.
Leslie E. Robertson Associates, RLLP
Magnusson Klemencic Associates, Inc.
MAKE
McNamara · Salvia
Multiplex
Nishkian Menninger Consulting and Structural Engineers
Outokumpu
PDW Architects
PEC Group
Pei Cobb Freed & Partners
Pelli Clarke Pelli Architects
Pickard Chilton Architects, Inc.
Plaza Construction
PLP Architecture
PNB Merdeka Ventures SDN Berhad
PT. Gistama Intisemesta
Quadrangle Architects Ltd.
SAMOO Architects and Engineers
Saudi Binladin Group / ABC Division
Schuco
Severud Associates Consulting Engineers, PC
Shanghai Construction (Group) General Co. Ltd. 上海建工集团
Sika Services AG
Solomon Cordwell Buenz
Studio Gang Architects
Syska Hennessy Group, Inc.
TAV Construction
Terracon
Tongji Architectural Design (Group) Co., Ltd. (TJAD) 同济大学建筑设计研究院（集团）有限公司
Ultra-tech Cement Sri Lanka
Vasavi Homes Private Limited
Walsh Construction Company
Walter P. Moore and Associates, Inc.
WATG URBAN
Werner Voss + Partner
William Hare
Woods Bagot
Wordsearch 添惠达
Zaha Hadid Limited 扎哈·哈迪德建筑事务所

中级会员
Aedas, Ltd.
Akzo Nobel
Alimak Hek AB
alinea consulting LLP
Alford Hall Monaghan Morris Ltd.
Altitude Façade Access Consulting
Alvine Engineering
AMSYSCO
Andrew Lee King Fun & Associates Architects Ltd. 李景勋、雷焕庭建筑师有限公司
Antonio Citterio Patricia Viel and Partners
ArcelorMittal
architectsAlliance
Architectural Design & Research Institute of Tsinghua University 清华大学建筑设计研究院
Architectus
Barker Mohandas, LLC
Bates Smart
BG&E Pty., Ltd.
bKL Architecture LLC
Bonacci Group
Bosa Properties Inc.
Boundary Layer Wind Tunnel Laboratory

Bouygues Batiment International
British Land Company PLC
Broadway Malyan
Brookfield Property Group
Brunkeberg Systems
Cadillac Fairview
Canary Wharf Group, PLC
Canderel Management, Inc.
CB Engineers
CCL
Cerami & Associates, Inc.
China Electronics Engineering Design Institute (CEEDI) 中国电子工程设计院
Civil & Structural Engineering Consultants (Pvt) Ltd.
Clark Construction
Code Consultants, Inc.
Conrad Gargett
Continental Automated Buildings Association (CABA)
Cosentini Associates
Cottee Parker Architects
CoxGomyl
CPP Inc.
CRICURSA (CRISTALES CURVADOS S.A.)
CS Group Construction Specialties Company
CS Structural Engineering, Inc.
Cubic Architects
Daewoo
Dar Al-Handasah (Shair & Partners)
Davy Sukamta & Partners Structural Engineers
DB Realty Ltd.
DCA Architects
DCI Engineers
DDG
Deerns
DIALOG
Dong Yang Structural Engineers Co., Ltd.
dwp|suters
Edwards and Zuck Consulting Engineers
Elenberg Fraser Pty Ltd
Elevating Studio
EllisDon Corporation
Euclid Chemical Company
Eversendai Engineering Qatar WLL
Façade Tectonics
Foster + Partners
FXFOWLE Architects, LLP
GEI Consultants
GERB Vibration Control Systems (Germany/USA)
GGLO, LLC
Global Wind Technology Services (GWTS)
Glumac
gmp · Architekten von Gerkan, Marg und Partner GbR
Goettsch Partners
Grace Construction Products
Gradient Wind Engineering Inc.
Graziani + Corazza Architects Inc.
Guangzhou Design Institute
Halvorson and Partners
Hariri Pontarini Architects
Harman Group
HASSELL
Hathaway Dinwiddie Construction Company
Heller Manus Architects
Henning Larsen Architects
Hitachi, Ltd.
HKA Elevator Consulting
Housing and Development Board
Humphreys & Partners Architects, L.P.
Hutchinson Builders
Hysan Development Company Limited
IDOM UK Ltd.
Inhabit Group
Irwinconsult Pty., Ltd.
Israeli Association of Construction and Infrastructure Engineers
ITT Enidine
JAHN
Jangho Group Co., Ltd.
Jaros, Baum & Bolles
JDS Development Group
Jiang Architects & Engineers 江欢成建筑设计有限公司
John Portman & Associates, Inc.
Kajima Design
Kawneer Company
KEO International Consultants

KHP Konig und Heunisch Planungsgesellschaft
Kier Construction Major Projects
Kinemetrics Inc.
Landon & Seah
LeMessurier
Lend Lease
Longman Lindsey
Lusail Real Estate Development Company 穆氏有限公司
M Moser Associates Ltd.
Maeda Corporation
Maurer AG
MicroShade A/S
Mori Building Co., Ltd. 森大厦株式会社
Nabih Youssef & Associates
National Fire Protection Association 美国消防协会
Nikken Sekkei, Ltd. 日建设计
Norman Disney & Young
O'Donnell & Naccarato
OMA
Omrania & Associates
Ornamental Metal Institute of New York 纽约金属装饰研究所
Pakubuwono Development
Palafox Associates
Pappageorge Haymes Partners
Pavarini McGovern
Pepper Construction
Perkins + Will 帕金斯威尔建筑设计事务所
Plus Architecture
Probuild Construction (Aust) Pty Ltd
Prof. Quick und Kollegen – Ingenieure und Geologen GmbH
Profica
Project Planning and Management Pty Ltd
R.G. Vanderweil Engineers LLP
Radius Developers
Ramboll
RAW Design Inc.
Read Jones Christoffersen Ltd.
Related Midwest
Rhode Partners
Richard Meier & Partners architects LLP
RMC International
Robert A.M. Stern Architects
Ronald Lu & Partners 吕元祥建筑师事务所
Royal HaskoningDHV
Sanni, Ojo & Partners
Savills Property Services (Guangzhou) Co. Ltd.
SECURISTYLE
Sematic Elevator Products
SETEC TPI
Shimizu Corporation
Shui On Management Limited
SilverEdge Systems Software, Inc.
Silverstein Properties
Skanska
SkyriseCities
Spiritos Properties LLC
Stanley D. Lindsey & Associates, Ltd.
Stauch Vorster Architects
Steel Institute of New York
Stein Ltd.
SuperTEC
Surface Design
SWA Group
Taisei Corporation
Takenaka Corporation
Tate Access Floors, Inc.
Taylor Devices, Inc.
TFP Farrells, Ltd.
Trimble Solutions Corporation
Uniestate
University of Illinois at Urbana-Champaign
Vetrocare SRL
Waterman AHW (Vic) Pty Ltd
Werner Sobek Group GmbH
wh-p Weischede, Herrmann and Partners
WilkinsonEyre
WOHA Architects Pte., Ltd.
WTM Engineers International GmbH
WZMH Architects
Y. A. Yashar Architects

普通会员
还有另外 245 家会员企业是 CTBUH 的普通会员级别。了解所有会员企业的完整列表，请访问：
http://members.ctbuh.org

A house for trees and birds, inhabited also by humans, in the Milan sky

在米兰的天空下，有一栋怀抱大树、小鸟，
并且居住着人类的房子

一座垂直的森林

第一本将斯坦法诺·博埃里（Stefano Boeri）有关生物多样性的城市与建筑理念及实践引入中国的中英双语译本

米兰垂直森林项目在2014年获得IHP国际高层建筑大奖之后，
又荣膺2015年CTBUH世界最佳高层建筑大奖。

斯坦法诺·博埃里 是世界著名的建筑师、策展人、评论家及教育家。2015年担任米兰世博会总规划师，也是该世博会"给养地球：生命的能源"的主题命题人。2011年至2013年，他担任米兰市副市长，主管文化和时尚。

同济大学 出版社
TONGJI UNIVERSITY PRESS

扫描二维码，
进入同济大学出版社官方微店